LOCUS

LOCUS

LOCUS

LOCUS

Smile, please

李靜采等◎著

女人做的好生意

行政院青年輔導委員會
共同企劃製作

CONTENTS

前言 女性創業熱已成爲世界潮流

隨著知識經濟時代的到來，創業環境的變遷與兩性平權觀念的普及，女性朋友不論在政治、經濟、社會上都交出了亮麗的成績單，也爲自己爭取到舉足輕重的地位，尤其在二十一世紀的今日，女性追求經濟自主的自覺與呼聲日漸提高，歐美及亞洲地區的國家甚至大力鼓勵女性創業，形成一股風起雲湧、銳不可擋的氣勢，這股全球性女性創業的熱潮和成長率遠超過男性，女性創業儼然形成另一股新的經濟力量。

爲了迎向這股女性創業的潮流，各國政府與民間紛紛投入大量資源，研擬並執行各項協助女性創業之措施。根據相關研究顯示，造成女性創業風氣主要與下列三個因素有關：首先，產業結構的改變，尤其是服務業的發展，提供了女性可以充分發揮的創業環境；其次，網路創業蔚爲風潮，因工作時間、地點富有彈性，吸引女性紛紛投入；第三，政府鼓勵女性創業，近年來，政府相關部門陸續推出多項輔導女性創業政策。

以國內而言，根據行政院主計處歷年人力資源調查統計資料顯示，女性創業人數（含女性雇主及女性自營者）呈逐年微幅成長，尤其以自營者增加比例更爲顯著，呼應女性傾向微型創業之

全球趨勢。目前台灣微型創業的比率正快速成長中，據統計，二○○六年台灣的女性企業家數比例為36.85%，且以微型（自雇型）創業例如批發零售、餐飲、工作室、網路商店等等為主。另外，經濟部最新公佈的「中小企業白皮書」顯示，中小企業女性雇主在二○○二年大約有七萬七千人，二○○六年則增加到九萬三千人；而女性自營作業者，則由三十二萬人，增加到近三十五萬人，總計有高達四十四萬名女性已經創業，大大改寫了職場生態。

政府多元輔導機制，創業之路不孤單

雖然我們可以看到越來越多的女性在創業上嶄露頭角，成功地為生命妝點色彩，實現理想。但不可否認的，女性在就業上得面臨更多職場歧視與社會規範，無論在勞動市場、企業環境，或經濟條件上，都比男性遭遇更多困難，這樣的窘境普遍存在於世界各國，而分析女性創業成功的要素，除了女性本身的特質外，善用政府與民間團體為鼓勵女性創業所設立的資源，也是女性創業時的一大優勢。其中，行政院青年輔導委員會「飛雁專案」的成功就是最好的例子。

行政院青年輔導委員會的「飛雁專案」於二○○○年由林芳玫主委率先因應性別主流化趨勢，積極推動女性創業輔導，並命名為「飛雁專案」，開辦多項女性創業輔導措施，此專案更在二○○四年起，在鄭麗君主委的主導下，擴大方案內涵，參與課程的女性及創業女性更大幅成長，引起各界對女性創業議題的關注。

在這項專案中所規劃的「女性創業育成班」方案，從行銷、財務、法律、人力資源等等提供完善的創業基本功，對已有明確的創

業目標，或是初欲創業的女性朋友而言，均可藉由參加課程而踏出創業的第一步；而「女性進階培訓課程」，則以產業趨勢及商機爲主要課題，篩選出最符合女性特質及最具市場潛力的四大創業模式：電子商務、美容時尚、熱門餐飲及補教服務，希望女性能藉由自己的特質與興趣，進而開創出一番新天地。

在創業過程中女性常遇到瓶頸，例如資金不足、不擅管理、知名度不足及不易尋得新員工等難題。根據行政院青年輔導委員會對二○○七年飛雁專案學員的創業現況調查發現，「具備專業技術與能力」與「具備良好人脈關係」是女性創業成功的主因，然而身在多元的社會，「具備完善的創業相關知識與法律」，對一個創業女性而言非常重要；至於「人際網絡」與「IT能力」則是創業女性應加強的主要能力。

面對女性創業風潮的興起，近年來，政府提供了許多資源與輔導機制，並與民間團體合作，開闢創業相關的培訓課程，包括行政院勞工委員會針對專業技能開辦多項課程，提供微型企業貸款及創業鳳凰婦女小額創業貸款；行政院青年輔導委員會除了前述專業創業培訓課程之外，不僅在創業資金方面提供青年創業貸款，也設立了飛雁育成輔導機制，提供個別創業諮詢，讓女性在創業過程中獲得更多精神及資源上的支持。

飛雁專案，女老闆出頭天

飛雁專案推行至今已有八年，八年來，行政院青年輔導委員會協助許多女性成功克服種種瓶頸，走出創業之路，目前已培訓一萬五千多名學員，有二成學員創業成功，約五成學員正準備創

業；另依據行政院青年輔導委員會申辦青年創業貸款的統計數據中發現，女性申辦比例由多年前的二成，至今已增加為三成多，顯示「女老闆」成長迅速，已為台灣產業撐起半邊天。

　　在創業成功的女老闆身上發現，她們將女性特質充分展現在事業經營上，不僅身段柔軟，女企業主之間更是「合作」遠勝過「競爭」，她們自組協會彼此扶持，以異業結盟的方式建立人際網絡，培養夥伴關係，每當遇有學員開店時，便會向開家具店、花藝店的「姊妹老闆們」買沙發、買花，這情形正猶如飛雁遠行時，集體群飛比單飛飛得更遠，充分發揮了團隊合作、互相幫助的精神。

　　這幾年我們也看出參與飛雁專案學員結構性的轉變，在剛推出時的一、兩年，學員大多是從職場退下來二度就業的婦女，近期多半是六、七年級生的新年輕女性，這些新女性或許沒有很多職場經驗，但各有想法與創意，對創業充滿熱情，資訊取得的能力較強，對商機的領悟力較高，因而增加了市場的競爭力。

　　雖然台灣在亞太地區國家中，女性創業比例高，且多以微型創業為主，這跟國內中小企業蓬勃發展有關，但與歐美地區的國家相比，仍有成長的空間。因此，＜女人做的好生意＞除了是一本深刻剖析創業趨勢前景、商業經營模式外，也介紹知名女性創業者，其中包含「飛雁專案」學員創業的箇中甘苦，並以人文的角度，訴說創業者的心路歷程與自我成長，對目前想要創業的女性，是最富有參考意義的實用書，我們深切地期許本書能更積極地傳遞女性創業的意義和社會責任，同時也發揮女性公共參與的熱情與使命，致力於關注女性創業的議題，牽引更多女性活出自我，實現夢想。

創業的故事

鍋貼天后

鄧玲如

店名：寧波大鍋貼
創業內容：餐飲小吃
創業金：30萬
創業資歷：8年

揮別憂鬱，用大鍋貼創造生命的春天

不支薪當了一年學徒，習得了做鍋貼的手藝，好不容易在黃昏市場成功擺攤，卻在開張一周後碰到SARS，情況非常慘烈，但她挺過來了，如今已開第二家分店，也做起了宅配服務，隨時等待機會向國外展店。

　　位在台中市學士路一四○號的一間小小店鋪—寧波大鍋貼，不過十張桌子竟然創下一般大餐廳才有的業績，這家小店的推手就是這位眼神中閃爍著堅毅光彩的小女子—鄧玲如。她用生命投入的小店，走過SARS、揮別生命的低潮；而今她以同理心將這番成功的歷程分享給需要幫助的人。

　　走訪學士路的寧波大鍋貼小店好幾回，有時還真不易看到小店的招牌，但是，不論哪個時段去，小店總是滿滿的客人；而這位小女子即便是忙碌地穿梭內外場，臉上的笑容和嘴邊的親切招呼從來不曾閃失過，重點是笑容真誠、語調親切好像對久違的老朋友問候一般。「再忙都要讓客人有被尊重的感覺，再忙品質和信用都不能打折！」這句簡單的話，道出了寧波大鍋貼成功的祕訣。

回憶成長路，幾度落淚不能自已

　　沒有一個人的成功是憑空而來的，天下沒有白吃的午餐。凡要豐收必先流淚耕作，這似乎是鄧玲如創業歷程的最佳寫照。鄧玲

如娓娓道起幼年時生長的歷程，幾度落淚不能自已，想來是一段刻骨銘心的經歷。那種曾經孤獨無助、充滿委屈的眼神在言談中不經意地流露，「朋友都說我很了不起，但我是一步一腳印，用血用汗走出來的。」這句話一點也不誇張。

很多人經過打擊、被遺棄、被輕視往往會自暴自棄甚至自憐，而鄧玲如卻是越挫越勇；而這種不認輸的精神其實是經過無數段辛酸痛苦的淬鍊。鄧玲如毫不諱言她曾經兩度自殺，一次吞安眠藥、一次莫名其妙地割腕，有什麼苦比親生母親離開她更苦呢？一段段痛苦的回憶顯然讓她身心受創極重，至今並未完全平復。

話說二、三十年前，鄧玲如可也是個富家小么女，父親經營木材生意，當年她出門就有轎車坐，那知一夕之間，父親生意失敗負債三、四千萬元，在那個年代可說是天文數字。當時票據法還在實施，父親為了逃債從此不見蹤影，彷彿消失在世間一般。而不得已扛下債務的母親，心中盡是哀怨，總覺孩子和那位不負責任的丈夫一樣「不可靠、沒有用」。當年僅是國小三年級的鄧玲如，瞬間從天堂跌落到地獄，到學校面臨同學鄰居指指點點，輕視和異樣的眼光讓她小小的心靈每天承受極大壓力，但內心那顆不服輸的種子漸漸在心中萌芽，當時就立志長大後一定要賺大錢，只有出人頭地才不會讓人看輕。

接著小學就展開工讀的生涯，國中之前，她還曾經在醫院當過幾年小護士，有一次半夜陪醫師開刀，因過累而暈倒。那段時間她就看盡生死病苦，而開始學會去關心照顧別人。鄧玲如說，「看到很多人很苦，我可以感同身受，所以我總會站在別人立場著想，深怕讓別人受傷。」鄧玲如的服務概念就是從這個小護士工作學會的！

即便如此努力半工半讀，母親卻將對父親的恨轉移到兒女身上，

有時會對著她說「妳和妳父親一樣沒什麼用！」當然也沒有任何來自母親的關愛，少了父母之愛，高職時她在受盡創傷下又被母親離棄，住在同學家，在萬念俱灰極度孤獨下，她悶悶不樂，連續自殺兩次，幸好被同學和教官救回。想死死不成，鄧玲如心念一轉，「既然老天不讓我死，那就要活得光彩，成功給人家看！」

賣珠寶的服務精神，對待小店客人

於是她堅強地打工賺錢，先到華歌爾公司上班，鄧玲如說，大

公司的培訓激勵課程對她幫助很大，讓她重燃生命的希望，對服務的熱忱也更有具體概念。接著她先後在台中中友百貨專櫃和珠寶公司待過，不但熟悉賣場服務精神細節，也更具專業精神。如今回憶起來，鄧玲如說，沒有一個過程是白白經歷的，現在她用產品專業的態度賣大鍋貼，用賣珠寶的服務精神對待小店的客人，因此，鍋貼好吃、服務又好，每個吃過的客人都會回流。

還在百貨公司工作時認識了住在澳底的先生沈朝棋，兩人常到澳底海邊玩，過了一段難得的快樂時光，當時因愛上沈朝棋家父母親的慈祥與家庭的溫暖，暫時彌補了兒時心靈的空白，於是兩人決定攜手共度人生。

失敗經驗

剛開始價格定位就錯誤，租店的賣價，和黃昏市場小攤一樣，所有的管銷還不算，就注定虧本了。

沈朝棋從軍中退伍並無一技之長，而鄧玲如因為工作努力很會幫老闆賺錢，於是兩人決定自己創業，先從熟悉的服裝業下手，去批發童裝來賣，由於慎選商品成功，她批了GAP過季的童裝一折賣出，一天都可以賣上一萬多元，她曾在澎湖賣兩個星期就賺進七十萬元現金，隨即回台再補進一百萬元的貨，那知，樹大招風，當天在高雄碼頭就有同業從澎湖一路尾隨來台，真是屋漏偏逢連夜雨，當天批的貨，因半夜下雨時竟無聲無息被偷了，也因為下雨，偷兒未留下任何指紋，貨自然也要不回來了。當時夫妻倆欲哭無淚，鄧玲如甚至怪老天為什麼如此殘忍作弄。省吃儉用努力賺來的錢，想賺大錢的願望就此成幻影，這段時間鄧玲如得了憂鬱症，每天只想哭，不想出門。

懷憂喪志之際，很多朋友鼓勵，尤其是批貨給她的廠商都表明，願意再批貨給她，等賣掉再還錢，然而因為心境不好，後來再也賣

不好了。這也讓她體會到，唯有提起心念和勇氣才有機會成功。

正不知何去何從時，恰巧到了基隆阿姨家，看到阿姨那家三十年的鍋貼小吃店人潮來來往往，生意超好，於是開始打主意想，是不是可以跟阿姨學功夫再回台中經營？就這樣夫妻倆不支薪作了一年學徒，靠借貸度日，連小女兒生病住院，先生都沒法回家照顧，她自己則是在家帶小孩兼養病。

這一路她都是跌跌撞撞，常常淚流滿面不能自已，看著她如今深邃卻閃著淚光的眼眸，可以感受當時無助的心境。

運用養生健康概念，在黃昏市場闖出一片天

休養時間，她心生一念，認為既然時機那麼差，只有作小吃才能賺錢。八年前夫妻倆決心回台中重起爐灶，在台中市遼寧路的「一點利」黃昏市場賣起餛飩和鍋貼，還有蔥油餅，先讓顧客試吃，並且打出「低脂、低鹽、低膽固醇」和高纖高新鮮等「三低二高」訴求，當時正流行健康美食風潮。喜歡看書報的鄧玲如很快掌握市場流行脈動，抓住消費者的口味，結果顧客回流率很高。中間當然有她個人的用心，比方說，客人沒吃完的菜，她會端回廚房偷偷吃吃看，檢討是不是有待改善，這樣逐漸累積經驗改善，在口碑之下，黃昏市場寧波大鍋貼竟也闖出一片天。

寧波大鍋貼內的蔬菜含量高，不油膩、吃起來清爽，很快就廣為流傳。鄧玲如說，「別人家的鍋貼冷了不好吃，我們用技術克服，冷的鍋貼還是很好吃。」很多清泉崗機場公司的外燴和霧峰澄清醫院的醫護人員都愛上寧波大鍋貼的養生健康鍋貼。但這些客人也都給她良心的建議，認為黃昏市場有時段限制，不妨開一

家店讓客人隨時可以吃到好吃的鍋貼。

這個建議和她的心思不謀而合，於是鄧玲如就在中國醫藥學院附近的學士路開了如今這家小店，一開始就是十張桌子，而醫護人員當然是店內的主顧客。鄧玲如把每一位來店裡的客人都當作自己家人的對待，親切介紹菜色，耐心推薦服務，讓客人有賓至如歸的被尊重感。當然都成了「死忠的客人」。

新店開張才三周，就碰上SARS的打擊

鄧玲如認為，創業必須要有永續經營的想法，才能打持久戰。她相信開店一開始雖然壓力大，但是，那是必經的過程。然而開店後她並非從此一帆風順，首先在剛開店時，價格定位策略就錯誤，店租每月四萬元，而店內的蔥油餅和之前黃昏市場的小攤一樣是十二元、一杯豆漿十元，所有的管銷還不算就注定虧本了。更慘的是三月十七日才開幕，四月六日就遇上橫掃全台的SARS，店面所在附近的中國醫藥學院死了一個SARS病人，這段時間業績整個幾乎停擺，先生背著她偷偷借了十張現金卡，並且向地下錢莊借貸，再度背上沈重的債務，因此和先生的婚姻也出現危機。讓她身心再度重創，但還是勉力撐起這家店。

後來，因為想給孩子完整的家，夫妻兩人再度同心合作共創商機。

鄧玲如說，當上帝關起一扇門時，通常會再為你開一扇窗。在那段生命黑暗期，生命中不斷有貴人出現，在SARS時她身心崩潰住院，有一位不認識的教會林阿姨，得知她背負沈重債務還要養兩個小孩，主動開口要借她一筆私房錢三十萬度日，而且不要利息。

「素昧平生毫無血緣關係的人，如此信任我，竟然願意大手筆伸出援手，這讓身陷絕境的我感受到人生的溫暖，而堅定活下去的勇氣，重新再出發，而且下定決心為了這些支持我的朋友，絕不再讓他們失望。」鄧玲如滿懷感恩地說，「這個阿姨是我生命中最大的貴人，是這些人無私溫暖的伸出援手，因此，我下定決心，有朝一日成功，一定也要回饋社會，照顧弱勢和貧苦，向與我一樣曾經困頓的人伸出援手。」

研發彩色鍋貼，客人吃了哇哇哇

　　「所有的努力都不會空過，痛苦也都會有代價！」鄧玲如相信凡走過的必留下痕跡。不論是商品或食品創意都很重要，而好的產品和穩定優良的品質更是暢銷的必然要求，因此，她用心研發鍋貼和店內產品，彩色鍋貼四大天王就是她將台灣四季不同蔬菜產品，像山藥、番茄、菠菜、紅蘿蔔、芋頭、火龍果等新鮮蔬果打成汁加入鍋貼，成了彩色鍋貼，既美味又健康。鄧玲如打趣地說，客人進店品嚐後通常會有

「三哇」，「哇！好漂亮」「哇！好好吃」「哇！好便宜」。這一聲聲的喝采和讚美，讓她更堅定自己的人生舞台。

而大量使用本土食材的靈感當時是來自電視報導南投縣名間鄉山藥滯銷，一位小女孩幫父親賣山藥，她看了很受感動，之後就大量買名間鄉小妹妹的山藥加入鍋貼，既幫助小女孩，同時也為鍋貼注入創意，紫色鍋貼就是這樣產生的。不同色彩的鍋貼，讓產品好吃又美麗，鄧玲如為它取名為「四大天王」，目前是寧波大鍋貼的招牌菜，客人到此發現，原來不油的鍋貼也可以很好吃。

鄧玲如認為不論經營什麼產業，不斷的進修跟上時代腳步調整方向，迎合大眾需求是很重要的，她個人無論再忙，都會閱讀書報雜誌，網路流行後，她還有自己的部落格，更新產品訊息，並且可以和消費者互動。

雖然因故高職中輟，但是鄧玲如的社會大學從來沒斷過，她的專業知識和服務精神，都是靠努力自修而來，寧波大鍋貼讓她從無助軟弱的小女子，變成意志力超強、創意十足的行銷高手。

香港記者超捧場，建議海外開分店

鄧玲如從創業之初的鍋貼、餛飩、牛肉麵等四、五道主菜，一路增加到四十多道菜色，而且時時有新意新菜。許多超人氣菜色來自鄧玲如的創意，例如特色涼皮、四色鍋貼、黃金蘿蔔糕、旗魚肉燥飯等，尤其是四大天王鍋貼，更成為同業爭相仿效的產品，鄧玲如不怕競爭，她說，「只要努力，我們的用心，消費者絕對可以感受到。」

　　除了鍋貼，融合越式米皮、中式食材、泰式醬汁等三國特色的特色涼皮，也是店裡的招牌菜。鄧玲如說，新菜色受到顧客的喜愛，成為她投入新菜色研發的原動力，有些顧客會主動幫她在網路宣傳，還有一位香港星島日報的記者，不但在香港大肆宣傳報導，每次到台灣就特別來吃，並且說「到台灣如果不吃寧波大鍋貼就覺得沒來過台灣……」

　　這位記者還鄭重建議鄧玲如乾脆到香港開家店，因為香港吃不到這麼好吃的鍋貼。因此，她還擁有不少海外客人。這些來自客人的讚美都成為她研發新菜的原動力，也是她自我要求「完美還要更完美」的主因。

　　而這些客人不論是認真或不經意的建議，都成為一粒種子埋在鄧玲如心中，為了讓北部和南部的消費者都可以分享寧波大鍋貼的美味，九十六年十二月開始，寧鍋大鍋貼推出了網購和宅配到家的服務，未來如果業務發展更好，展店順利，鄧玲如有意到香港甚至到國外開店。儘管忙碌的鄧玲如至今從來沒踏出台灣大門一步，但她已立足台灣、放眼國外。

客人進門，一定溫暖微笑送上桌

　　寧波大鍋貼規模不算大，但鄧玲如說，只有小處做好，才能成就大事。而她的服務精神的確如她自己所說的是「五星級的」。她笑著說，自己其實個性有點龜毛，例如她只喝現打的果汁，而且不加糖、不加冰，就算去別人的店，一旦店家不小心加了糖或加了冰，她會毫不考慮、當場要求店家重做一杯。

　　正因為抱持這種同理心，她對員工服務的要求也很高，她認為

這是尊重客人以及負責任的表現。她總是站在客人的立場著想，她要求員工們，「一旦送錯了客人點的菜，不能要求客人將就著吃，而是馬上重做一份符合客人需求的餐點。」

不僅如此，只要客人一上門，鄧玲如總是給每位客人一個溫暖的微笑，無論自己的心情是好是壞；遇到老主顧，鄧玲如會親切地與對方話家常；遇到第一次上門的新面孔，她會主動地詢問新客人：「今天吃得習慣嗎？有沒有需要改進的地方？」藉由不斷地聆聽顧客的聲音，來改善及提升餐飲品質。

如今寧波大鍋貼業績蒸蒸日上，但鄧玲如說，這只是初步目標，她還有更遠大的目標，是讓全台灣的人都可以吃到好吃的寧波大鍋貼。現有的店面太小，她在學士路本店旁，有頂下一間新的店，而且晉用的員工，都是清寒單親家庭和家暴家庭受害者優先錄用，連未來開放加盟，這些弱勢族群創業都不需加盟金。

鄧玲如說，「我用生命在經營店，兩次從鬼門關走回來，這條命就是要奉獻出去。」在鄧玲如看來，他的生命目標是無窮無盡的。

感恩貴人相助，信心滿滿話未來

鄧玲如在人生事業瓶頸時，偶然看到行政院青輔會主辦的「飛雁專案」女性創業育成班，在青輔會協助下，不吝分享寧波大鍋貼的成功經驗，她認為，天無絕人之路，一路走來，她真的很感恩上天的眷顧，危難時總有很多貴人相助，每每在她失去某些事

物時，就會有一個新的轉機。每天面對如何給客人最棒的美食，還有同業的惡意誹謗，雖然很疲累，但是，只要客人說「妳的東西好好吃喔！」突然心中的苦澀都變成甜美，這就是一直支持她向前走的原動力，當然也更確認生命中的每個危機都是轉機。

「很多朋友都說我現在很有成就，但我只想在心有餘力時，幫助更多像我一樣曾經陷在苦難中的人，我願意將我的經驗分享給大家。」鄧玲如謙虛地說，「如果像我這樣二度想放棄生命的人都可以編織出一片天，完全擁有一家自己的店，我能做到的，相信每個

人也都有能力做到，走出陰霾開創自己生命的春天！」

鄧玲如談起坎坷的身世似乎有流不完的淚，而提及未來的創業計畫則有滿滿的自信，她說，這一生雖然過得很辛苦，但也很感恩，她相信世間沒有解決不了的事情，只要不氣餒，勇往直前，就沒有過不去的困難。創業路上她始終是孤單寂寞，彷彿是為了一個理想目標而活，而這個目標就是有朝一日，讓全世界的人都可以吃到好吃的寧波大鍋貼。

創業至今邁入第八年，寧波大鍋貼總算是小有成就，鄧玲如希望寧波大鍋貼的成功經驗可以複製出更多的成功案例，她計畫未來繼續擴大展業，也歡迎有創業意願的人一起加入。（文／陳秀芳 攝影／Jams）

創業一點訣

1 多做別人做不到的事

小吃店要做好，沒什麼祕訣「就是老實做！」「想辦法做出比別人好吃的餐飲」；其次，用心經營，多做別人做不到的事。

鄧玲如說，餐廳競爭激烈，多做別人做不到的事，就比別人多一分競爭力。要受客人歡迎，當然要站在客人的立場思考，把客人當好朋友。

2 把客人當作好朋友，食物變得更可口

鄧玲如教育員工時，通常會教員工放輕鬆，不要緊張，把客人當好朋友，好像請朋友來分享美食一樣，如此大家心情都會愉快，食物不覺都變好吃了。

其次，還要和客人多互動，以自己為例，鄧玲如說，客人一進來，她一定先給一個微笑，然後找機會在用餐到一個程度時去問客人用餐習慣嗎？一方面是問候關心，還可以從中得知客人的反應。

3 絕不找理由搪塞客人的抱怨

結帳時還會再度詢問客人「有吃飽嗎？」「有什麼要改進的嗎？」客人若說好吃，就請他下次帶家人來，若說不好吃，也會請他多指教作為改進檢討，絕不會找理由搪塞客人的抱怨。

鄧玲如說，每個人感受不同，最好能虛心接受消費者的意見。

最近有個媽媽帶小朋友來吃，結果小朋友嫌肉太小塊，她立即回答會向老闆反映，這個小朋友驚訝地說，她是第一位表示會檢討的店家，大多數店家都會以物價上漲來搪塞。可見「誠懇和親切的態度」經營小吃店是成功的最大祕訣。

熟食專家

朱億長

店名：億長御坊
創業內容：熟食料理
創業金：無（白手起家）
創業資歷：30年

她的家常菜，征服豪門名媛的脾胃

現在的億長御坊，除了最為人熟知的南門市場招牌店鋪外，還進駐台北101的Jasons Market Place，並且在新光三越老董的慧眼賞識下，進駐天母新光三越百貨，創造可觀的業績。

有人說，南門市場是老一代外省人撫平鄉愁之處，更是政商名流一饗口福的不二選擇。在這個地方，每日清晨，天際才剛泛魚肚白，市場某個轉角處，一百多道熱騰騰新鮮的熟食料理早已整齊擺放於架上，一群笑臉迎人的女服務員穿戴整齊等著迎接即將絡繹不絕的人潮。

人聲雜沓喚醒了城市，市場逐漸熱鬧起來，一切準備就緒，這裡是億長御坊。

朱億長的熟食料理事業

一手創辦億長御坊、人稱「朱姐」的朱億長，已經可以安心放手給元老員工和下一代，卻依舊不習慣閒著，每到早上九點，總還是可見她的身影穿梭其中，提點服務該注意的事項，跟老顧客們閒話家常著。在柴米油鹽中生活了一輩子，過去，是為了餬口，如今，對她來說，則是用柴米油鹽跟客人們搏感情、分享愛。

　　靠著一雙手，握刀柄、拿鍋鏟，煎、煮、炒、炸、蒸，從傳統市場裡的一個小店鋪開始，憑著眞材實料的江浙道地美味，口耳相傳建立口碑，一晃眼，已過二十多個年頭，現在的億長御坊，除了最爲人熟知的南門市場招牌店鋪外，還進駐台北101的Jasons Market Place，也在天母新光三越百貨開起分店，擄獲當地豪門名媛脾胃。

　　新光三越天母店的設店過程，背後還有一段精彩插曲。當初，老闆吳東興無意間嚐過億長御坊的料理後讚不絕口，於是在天母店開幕時即力邀朱億長在超市賣場設立熟食櫃區，原本朱億長擔心分身乏術拒絕了邀約，但不料吳東興對旗下員工撂下狠話：「說服不了億長御坊來設櫃，所有人都被開除。」於是，那一陣子，每天可見穿西裝打領帶的高層主管們，一字排開在攤前連續站崗了一星期，才終於讓朱億長點頭答應，如今，天母新光三越美食櫃位的業績，保守估計，一個月至少一百萬元。

　　從小攤販到知名企業一級主管親自出馬，請求她到旗下百貨公司設櫃，多少名流富家成爲攤上客，在朱億長食材、廚藝萬般步驟皆講究的堅持下，讓原本屬於傳統菜場的市井熟食，晉升成爲百貨公司最賺錢的櫃位之一，她開創了另一種屬於熟食的時尚流行。

創業，從最熟悉的技術開始

　　然而，當初走上這條路，朱億長說，並非因爲喜歡，只是因爲這條路比較熟悉。

　　執業的源頭，得追溯到朱億長的老父親。談起老父親，朱億長顯露了湖南人的豪氣：「我常說，我這個人，一輩子只看一個人的

臉色，就是我父親。」老父親當年在大陸，可是湖南湘鄉首富，後來逃難來到了台灣，對於吃的口味仍十分講究，這份對滋味的堅持，影響了朱億長，於是，當人生的第一個鉅變——母親在七歲時離世，不經幾年姊姊又嫁人後，服侍父親的責任理所當然落在她身上，十三歲的她，就這麼開始進廚房，拿刀鏟下廚。為了滿足父親的刁嘴，常常她就一個人窩在廚房大半天，一道菜一道菜不斷摸索嚐試，牡羊座實事求是的個性，竟讓她無形中練出一手好廚藝，從開始創業的二、三道菜到後來開發的將近百道家常美味，全來自無師自通的結果。

原本只是為了滿足父親口味的手藝，到後來，卻讓眾多台北異鄉人的跨海鄉愁，透過舌尖得到撫慰。

失敗經驗

堅信「疑人不用，用人不疑」，卻換來兩次員工背叛。

除了年少扛起料理一家子飯菜重責大任的緣由，早年在南門市場隨父親經營雜貨鋪的經驗，耳濡目染學習了一身熟稔食材、應對進退的經商之道，也奠定了朱億長後來創業的引線。二十三歲和先生結婚，夫家原來希望夫妻倆一起回到南投竹山定居打拚，公公從事警察工作，當地人脈廣闊，要在南投謀個職務絕對不成問題，然而拋不下父親獨自一人，朱億長毅然決然和先生決定留在台北。朱億長說，當初公婆也無法諒解，「就覺得，應該回南投啊！」甚至後來知道兩人做吃的生意時，更無法接受兒子進廚房、挑菜揀菜拿刀鏟，「傳統台灣人家，是不准男孩子進廚房的。」縱然過程也是經過一段時間的磨合，不過今日回頭看，朱億長說，自己很感謝公婆當初的諒解和接受。

一個「留在台北」的決定，夫妻倆就必須開始面對現實——那要

靠什麼維生？創業，往往從最熟悉的事物萌芽！朱億長想到自己燒菜的手藝，於是開始在市場裡試賣起熟食。在那個年代，多半每個家庭餐餐開伙，所謂的熟食在市場內尚不普遍，記憶中唯獨羅斯福路路邊的一個攤子在賣，尚未成熟的市場，競爭少，加上巧手藝，意外地讓朱億長搶得市場先機。

「億長御坊」店名由來

一開始，朱億長只是將平時料理給父親食用的家常菜拿出來試賣，百葉捲啦、素什錦啦、冰糖蓮藕啦、荷葉排骨啦、蔥燒鯽魚啦，她沒有料到，這一賣，竟讓她賣出了口碑，許多從小跟父親作生意的顧客，轉而也成為她熟食攤的忠實客人，一個一個口耳相傳，慕名而來的人潮愈來愈多，二、三道菜愈多愈多，腦袋停不下來的她，也樂得不斷研發新菜色，一個小小的熟食攤，規模越做越大。

美味傳遍千里，朱億長念頭一轉，想替熟食攤來個特別的店名。當初，億長兩字取其名，「御坊」則意指「連皇帝都吃的美食」。她笑說，聽來口氣似乎有點太過狂妄，但她的確自始至終都是以這樣的心態自許，「做吃的是良心事業，如果連自己都不愛吃了，又如何好意思賣給別人吃呢？」

而「億長」雖是源名字而來，但她透露，最早父親本意取的是「憶長」，意即「回憶長沙」，殊知去戶政事務所登記時，承辦人員一時筆誤寫成了「億長」，但後來去給算命的一看，算命老師卻大讚「億長」好名。算命言語虛虛實實，但就事後論來看，億長御坊的成功，無疑是印證了當初算命的預言。

創業維艱，兩次歸零

做生意的苦，難以為外人道。朱億長提及自己的來時路，根本是和著血汗走來的。做生意，首先就是得有不怕辛苦的心理準備。

創業之初，沒有錢請人手，只好「校長兼撞鐘」，所有雜事自己來，買菜、挑菜、叫貨、煮菜、賣菜，一天工作十二個小時以上根本是常事，甚至到了過年過節，更是二十小時沒日沒夜的加班趕工。

如此忙碌，難免疏忽了家庭。兒子四歲那年，一個人在家，那時住的是南門商場旁租來的木造房子，夫妻倆在南門市場忙碌著，猛一抬頭，她竟看到整個家已然深陷一片煙霧瀰漫紅海中，「我當時簡直嚇呆了，雙手不斷發抖，連打電話報警都緊張到忘了家地址。」慌亂中衝回家破門而入，只見兒子當時坐在失火的房門外頭毫髮未傷，只差那麼一點兒，可能就身陷火海。筋疲力盡的她不斷大罵兒子的不小心，圍觀的人阻止她，卻不知道，當時她內心是多麼地痛，心疼兒子、心痛創業之初又遇上這樣的人生不順遂，臉上不斷順勢落下的斗大水珠，早已分不清是淚水還是急促奔跑後的汗水。

談起這段往事，朱億長猶仍歷歷在目，點點滴滴，眼眶不自覺再度泛起淚光。

火災燒掉了家園，一家人流離失所，好不容易攢來的小小積蓄也轉眼成空，朱億長說，當時雖不至於到萬念俱灰的地步，卻還是被生活突如其來的無常搞得心灰意冷。但，也或許絕望處轉個彎，就會遇見希望等待。當時，一個客人得知處境後塞給她一個紅包，對她說：「房子被燒了，生意就會越燒越旺。」

　　看似舉手之勞的紅包、一句隨口之語，鼓舞了陷入生命憂谷的她，這也是後來，朱億長遇上別人困頓時，絕不吝惜伸手援助成為別人的天使，因為，她也曾遇見天使。

　　二十三歲開始創業，挫折難以細數，披荊斬棘的二十年歲月後，好不容易生意上了軌道，以為一切否極泰來的時候，老天爺卻又給了朱億長一記重擊，四十二歲那年，從零開始的事業，一夕之間化為烏有，再度歸零。

　　當時，南門市場樓上國宅處的一位朋友跟朱億長說，有個好康生意邀她一起加入，還信誓旦旦地保證，「說我騙別人還有可能，就絕對不會騙妳。」當時朱億長並不知道那是地下錢莊放高利貸的，只以為是純粹拿錢投資，每個月光利息就賺了幾十萬，眼見利潤極大，她不但將所有的積蓄、員工的預備薪資全都投了進去，還特地去標了好幾個會，拿會錢再去投資，甚至「好康鬥

相報」，也邀約員工們一起將積蓄投入，萬萬沒想到，不多久後，那個朋友憑空消失，一夜過後再也找不到人。

當初這一打擊幾乎擊垮朱億長，不但事業停擺，整個人宛如被掏空，連活下去的勇氣都消失殆盡。對她來說，不僅是對人性的徹底失望，更是愧對那些跟了她大半人生歲月的員工以及最愛的家人。事發後不久，她透露，自己甚至萌生死亡念頭，她把兒子、女兒和先生找來，在他們面前不斷道歉、徹底崩潰，「我那時其實是在交代遺言。」心中盤算著死亡，幸而，先生的一席話及時將她從死神手裡拉回現實，「他靜靜地聽完我說話，然後說，事業是我們一起打拚出來的，我都不怪妳了，妳又何必這樣自責？」連原本學電機、堅持絕不走料理這行的兒子，眼見父母如此辛苦的付出，也毅然決然挽起袖子、拿起鍋鏟，從頭開始在廚房當學徒、學作料理。艱困中更能激發求生韌性，就這麼地，全家投入力量，所有的一切從零開始，每天凌晨三、四點到晚上五、六點，再度成

了生活的時間定律，一點一滴，一道菜一道菜，重新再創億長御坊。

此時，一個店裡的常客突然表明身分，說是聯合報的記者，吃了許多，覺得值得報導，報導一出，本來就已是熟客間名氣響亮的店，更是聲名大噪，朱億長也因此成為美食節目媒體寵兒，開始上電視秀廚藝。而今，接棒的兒子學有所成，不但考得執照，也成功開發幾款新口味，為原本單純的江浙料理注入更多不同地方的特色滋味，儼然成為億長御坊不可或缺的主廚之一，近來大學畢業的女兒也加入工作行列。重新開始的困難更甚以往，但跨越了障礙，一切就撥雲見日了。經過倒會事件，朱億長也更能體會，人在不堪一擊的時候，反而才更懂得珍惜身邊有的。

儘管現在，自己因為長期壓力，憂鬱得甚至得靠藥物才得以成眠，先生又在去年初時意外中風，生命的考驗未曾結束，但現在的她總是對兒女機會教育，你們的人生百分之七十已經比別人幸運了，剩下百分之三十不如意的，有什麼關係呢?!而面對自己一手創造的億長御坊，她深知，走上創業這條路後，「不是說賺錢就好，員工一多，你就得為人家想。」如今，億長御坊的永續經營，已是一種責任。

服務哲學，在於用心

沒有長篇大論的服務秘訣，朱億長的創業哲學，只有「用心」兩字。服務用心、品質用心。親切的態度，讓賓至如歸；當天現作、不接受預訂則是對品質的負責與堅持。

和朱億長相處過的人，都對她的平易近人印象深刻。但其實年

輕時的朱億長脾氣不好，要求又高，當時，從未進過廚房的先生，連蔥蒜都分不清，去買個雞、鴨、食材，常常也是達不到要求，已經忙得不可開交的朱億長火氣一來，經常就是一陣劈頭就罵，對待員工也是如此。有次，一個父執輩相熟的客人語重心長地說：「我從小看妳長大的，知道妳心腸不壞，但是妳這樣，會讓結果變好還是更壞？」

往往，一句當頭棒喝，頓悟後會讓往後的際遇豁然開朗。在不斷面對服務的經驗裡，朱億長也學習著修剪自己的脾氣，曾經，有客人只買一道菜卻無理吵著也要手提袋，店員有所疑慮，「我們的手提袋算很精美的，成本比一般袋子貴，不過我就跟店員說算了算了，給她吧。」在她調教下，來億長御坊買熟食，服務員都會細心解釋每道菜色的料理和保存方法，來即是客，熱情的招呼不因貴賤有所打折，每個來此購買熟食的客人，都能得到賓至如歸的待遇。

朱億長常掛嘴上的一句話：「人可以假一天、假一個月、假一年，不能假一輩子！」所以她真誠待人，如是態度亦反映在對食物的堅持上。

民以食為天，許多人想創業，最先想到的就是做吃的生意，但也絕非每家餐飲創業者都能屹立不倒，朱億長一語點破餐飲料理最重要的原則──賣吃的，就要賣自己吃得下的！「如果不乾淨或連自己都覺得不好吃，又如何說服顧客。」

廚藝就是她的專長，為了相輔相成於廚藝，挑選食材的功夫馬虎不得。她的醬油，用的是比一般貴好幾倍以上的萬和醬油，肉是環南市場買的新鮮現宰溫體豬肉，鯽魚的大小也有要求，長度約十二公分、寬度約三、四公分的大小最易入味，所有食材來源都是合作好幾十年的店家。粽葉、雪菜則是手工一片一片洗，光是這樣，就

不知多耗了多少人力成本。

　　對食材有所堅持，對食物品質更是把關周延。曾經，某家百貨因為得不到朱億長允諾設櫃，改採直接到南門市場批貨購買後拿到門市販賣，但由於現場沒有服務人員，許多顧客買回家後不知如何加溫料理，反而失了原味；還曾經有客人上午訂貨，傍晚來取，結果取回家後整道菜「臭酸」，幾次經驗下來，讓朱億長更堅持現作現賣的原則，一次不多炒，賣完了才趕緊通知廚房；年節一到，許多人央求朱億長就開放預訂吧，為了品質著想，她就

是堅持不答應，想吃，還是得在人山人海中，乖乖排隊購買。

老闆哲學，信任而已

創業幾十年，許多員工都是跟了朱億長幾十年的，陪伴她經歷無數難關，甚至被拖連倒債之際，依然不離不棄，這些忠心耿耿的對待，全都歸功自朱億長「取信於人」，這個「信」，不只是信任，更是信服。

「做事容易做人難。老闆，不要讓人怕你，而是要讓人服你。」

朱億長說，人家服你，才是真正打從心底願意在這裡工作。員工之間偶有爭執，她會將兩人叫來面前，先聽過程後，只說一句話：「錯不在你，也不在他，是我錯了，是我沒有安排好。」當下止住了爭端，「當下雙方一定都認為錯不在己，但我希望他們都能思考自己是否也有問題。」薪水方面也給得阿莎力，「不滿意待遇的直接找我談，我會說明我的理由，當然，你也可以說服我你值得更多。」

她也時常提醒自己，凡事先想別人的感覺，再想自己能做的。就像現在廚房裡的大廚，跟了她幾十年，當初兒子進廚房工作，她直接告訴大廚：「在這邊，只要有你在的一天，我兒子永遠不可能取代你。」她說，她要讓所有員工明白，每個人都是億長御坊無可取代的人。尤其是歷經這些風雨之後，「我讓他們知道，我只剩腦袋還可以動一動，沒有體力了，所以每個人都是我不可或缺的左右手。」

過去她是「疑人不用，用人不疑」，許多家長因為相信她，還把小孩帶來拜託她管教，每個員工來到這，都把他當孩子一般對待，嚴格禁止抽菸、吃檳榔，因為擔心孩子們習慣成自然，她不但是員工的老闆，還是大家口中的「朱姐」，生活大小事，疑難雜症，她幾乎全包了，笑稱自己是「解決問題的7-11」。不過人手越用越多，問題也越來越多，無防人之心的下場，也讓朱億長面對兩次員工的背叛，不願傷害他人，輕輕帶過這段往事，朱億長只希望提醒創業的人們，害人之心不可有，但身為老闆，防人之心亦不可無。

天生愛動腦，未來盤算已有譜

　　自嘲自己的一生，不斷地遭遇挫折、不斷地從挫折中療傷復原，打了一個又一個的結，再一個又一個的解開，創業的苦百般滋味在心頭，希望別人不要經歷她走過的痛，所以樂於透過各種管道分享她的創業經驗，在台北市勞工局職訓中心時，看見許多四十幾歲歷經變故的女性朋友，她總不斷以自身經驗鼓舞。

　　王偉忠是她的偶像，骨子裡，朱億長也有顆愛動的腦袋。儘管身體累了不堪負荷，腦袋裡還是有個雄心壯志計畫！看準了現代小家庭普遍開伙率不高的商機，她期待有朝一日能真正成立傳統美食的熟食超市，天母新光三越的設櫃其實就是個雛形，若能成功擴大，不但南北各地有連鎖，還能有宅配專門服務，至於最講究的新鮮問題如何解決？朱億長笑著說，是秘密！但算盤早就在心中打好了。如今，只希望哪個有遠見的大老闆慧眼賞賜，資金合夥了。（文／李靜采　攝影／王國宇）

創業一點訣

1　有什麼本事，就做什麼生意，千萬別學了三分工，就想要做大。

2　有多少資本，做多少生意，有一百元就投資一百，不貪、能捨，才有得，這輩子從來不靠借貸來創業。

3　創業就是在磨練心性，沒有不遇到困難的，碰到問題，要去面對它、解決它，並且從失敗中尋找對的東西。

4　賣吃的，就是要賣自己也覺得好吃的。

5　人不進步，就是在退步。所以菜色也要不斷求新求變，至今百道菜，都會觀察販賣情形，好推陳出新滿足客人。

6　以客為尊，儘量滿足需求，面對「奧客」刁難，客人永遠是對的。

7　待人處事，「用心」就是不二法門。

8　家人永遠是創業背後最大的支持力量。

月經秘書

張雅媛

店名：「MissCare女人假期」www.MISSCARE.com.tw
　　　&寶麗安生理事業有限公司
創業內容：女性生理服務、用品
創業金：10萬元
創業資歷：3年

MC服務點子新，開創藍海商機

一次意外出糗的經驗，成為她的創業靈感。讓辭職回家照顧孩子待在家的家庭主婦，大膽邁開了創業之路。這個點子不僅十分創新，而且還是Web2.0創業的極佳範例。

曾幾何時，讓女人難以啓齒的月事，成了商機無限的藍海市場，連通訊服務業者也爭相投入研發，提供簡訊通知服務，讓女性朋友們告知自己或親密愛人，「好朋友來了」！

「月經秘書」這個時髦又實用的點子，張雅媛是第一個想出來的。

她讓女人在網路上寫著專屬於自己的私密月經日記、計算排卵日期、討論婦科話題，提供生理相關商品；所有切身相關、難以啓齒的，她開啓了！她讓生理問題變成一種商機，然後提供女性生理服務，贏得廣大迴響，成功打造前所未有的專業女性生理服務網市場。

二度就業，挑戰創業

瞭解了張雅媛過去工作的背景之後，便不難理解這個看似纖弱的女子爲何能獨排眾議，勇闖網海，在網路上爲自己開創出另一番職業機緣。有些女人，是爲現實環境所迫，不得不創業以餬口

持家，張雅媛的創業成功，則來自於她對工作不停歇的熱情與創意！不過除此之外，要說創業的幕後推手，張雅媛笑說，可能也得歸因於先生的大男人主義作祟！

婚前的張雅媛，海洋大學畢業後，曾在元智大學服務，後因表現優異被長官拔擢至中壢市市長辦公室，跟著市長活動企畫、選民服務工作，當時，工作能力雖備受職場肯定，然而從事軍旅工作的先生卻一直希望她能辭去工作，專心待在家，

但是自認閒不下來的張雅媛並未因丈夫的期盼立即從職場退出，直到二○○四年時，大兒子因為被診斷出有輕微的感覺統合異常情形，才真正促使張雅媛回歸家庭。

許多女人結婚，圖的就是一張長期飯票，若能賦閒在家，理直氣壯當個「伸手牌」，何樂不為？但是張雅媛卻笑說自己「不是當家庭主婦的那塊料」！她的身上，存在一股對工作的幹勁與熱情，好像一顆永遠飽足能量的電池，在職場上發光發熱，現在一下子，卻要摒棄過去所有職場上擅長的能力，腦袋停擺，每天掃地、拖地、接送小孩上下學、往返於林口長庚間復健，日復一日不變的生活定律，讓她有股「埋沒了自己」的消極感。

當生活僵固在固定的頻率裡，工作的念頭又開始蠢蠢欲動了起來。她想著，老公的要求只有一個：「要待在家，能照顧到小孩。」這話中之意，並沒有不准她工作啊！於是張雅媛腦袋一轉，「如果能在家創業，不就可以兼顧了嗎?!」

張雅媛開始了家庭主婦創業狂想曲。

兒童拼布創業，初嚐敗績

「要做，就要做不一樣的！」這是張雅媛告訴自己的話。

過去職場經驗雖豐富，但總是「吃人頭路」，這下想創業，一時之間卻不知從何開始！家裡的兩個學齡中的小孩，剛好給了張雅媛第一個創業念頭。「不是都說，創業就要從自己身邊最熟悉的事物開始嗎？」張雅媛當初從兩個小孩的學校生活觀察出心得，她發現現代的父母對小孩都是呵護備至，買小孩東西絕不手軟，「小孩的生意一定可以做得起來。」於是，她跟自己說，就來賣小孩的生活用品吧。

為了生平第一次創業處女秀，張雅媛還興匆匆地報名學拼布、藍染，又學數位攝影，以為學成之後就可以大展身手，過程中她還想出利用抗皮膚過敏藥材當藍染原料來製作成抗過敏的衣物產品。但是，沒多久張雅媛自己就發現了，想法很好，但真要落實，就顯得困難重重。「第一，我學了之後才發現自己的手不巧，也不夠細心，似乎不太適合學拼布，然後，又得自己生產製造、又要經營，簡直太難。」原料的取得、經營製造、銷售管道，還得找可信賴的代工廠，對門外漢的她來說，要在短期內一一解決，比「不可能的任務」還不可能，於是，她沒有像湯姆克魯斯那般想挑戰不可能的任務，而是在看到不可能時，就先踩了煞車。

失敗經驗

網站被對岸完全COPY，接著，網路平台無預警的掛掉，讓原本經營許久的網站資料一夕之間全部消失。

這個事件並未澆熄她的創業念頭，反而讓她看清創業時最重要的事情─千萬別選擇所需的技術是自己完全不會的，別因為要創業才開始學習！

以女性角度切入網路創業

身為女人，張雅媛鎖定再一次的創業，就從女性角度出發。張雅媛不斷思索，「什麼是女人最需要、永遠都需要的？」她還曾用列舉法列出了女人需要的三大必需品—內衣、內褲、髮夾，但這些物品，對她而言，創新力不夠，不符合她心中「長期需要」的條件，直到一次靈光乍閃，張雅媛憶起自己一次意外出糗的經驗，在開會時突然發現自己「好朋友」來了，但事前卻忘了任何準備，導致整場會議坐立難安，會議一結束，只得尷尬地快速奔向洗手間！「相信很多女人都有類似的經驗吧！」

張雅媛進一步分析，內衣、內褲或裝飾，妝點的都是女人外在的美貌，但女人的需要不僅於此，生理和心理的需求更為重要，再者，「月事」佔了女人生命週期的大部分，從青春期到更年期，「如果能讓所有女性在『好朋友』來之前和之後，得到貼心的提醒與問候，一定很窩心。」於是，創業的思考角度從實體轉變成無形的服務提

供，不讓自己發生過的不愉快再發生在其他女人身上，是她此番創業的動機，當初難忘的糗事，意外促成了今日創業的契機。

下定決心，要讓所有女性都能和「好朋友」和平相處！不過這個創業念頭，一開始並沒有被看好，就連家裡姊妹們也不認為這是個值得開發的產業，畢竟，多少女人沒有這項服務，也安然度過這麼許多年了。

創新的東西，總是挑戰著市場接受度，成則風光，敗則慘烈。如同當初7-11在台灣設立第一家便利商店時，多少人信誓旦旦地說著它的不可能，有誰能預料，短短數十年間，巷口間的柑仔店轉眼消失，被連鎖商店取代成為主流，即使總是貴了一點，還是收買了人心。

「人家反對的，愈能激發我的鬥志！」自認「挫折耐受力」十足的張雅媛，柔順的外表下是天生不服輸的個性，她給自己設定一年的時間，毅然決然投入。為此，張雅媛還參加了青輔會舉辦的「飛雁專案」，幸而，這個IDEA後來在課堂上受到肯定的鼓舞，她也針對顧問所給的建議，讓「生理服務」的內容更為擴大，除了生理週期通知外，也開始思索生理知識的經驗分享和生理產品的配套提供。

雖然想法受到肯定，但真正的辛苦，卻是在落實想法後開始。選擇網路創業，因為創業的成本最低也最簡便，一開始，張雅媛採土法煉鋼模式，將所有加入網站的會員生理週期資料製成檔案，然後在每個會員生理週期日來臨前，寄發通知信，連裡頭的貼心語都一封一封親自撰寫，也積極地發表任何有關女性生理期的文章，提供經驗交流分享。張雅媛纖細獨特的觀察力，發現了未曾開發的女性潛在市場，當網站逐漸為人所知，大量暴增的會

員資料頓時讓張雅媛忙不過來，很快地，她發現這樣實在太累了，不符合經濟效益，於是請人設計發信程式，她只要將網站上的生理資料匯出，程式就會自動在每個會員生理期前寄發通知。技術問題解決後，讓她更能專注在服務項目和內容的擴充部分。

女性生理服務網站，提供前所未有的服務

　　一手催生女性生理服務網站，除了提供免費的「MC秘書」貼心服務外，也兼賣和女性生理相關的各式產品，所有的商品開發，張雅媛不假他人之手，都是自己大街小巷尋來的寶，包括顆粒大、品質佳的補血葡萄乾、一吃驚豔的黑糖等；網路上看見好用的新貨品，也會積極洽談合作，批發引進至網站，甚至到最後還以OEM方式自創品牌，讓網站儼然像是個豐富的女人專屬健康藥妝店。

　　除了服務提供和產品販賣，張雅媛的網站另一深具吸引力的地方便在於豐富多元的女性生理知識。為了豐富網站內容，張雅媛不但自己自修了好多相關知識，她的工作桌旁，永遠滿滿的相關書籍堆砌著，對於新觀念的釐清和推動，她也不遺餘力，像是關於衛生棉條的迷思和使用，在網路上看見了另一網站「小棉條的世界」裡頭文章後，便親自寫信和對方聯絡，取得網站互相支援和駐站寫作的合作方案。深知保守女性對於生理問題仍羞於尋求婦產科的心態，於是，她靠著自己的力量，和許多專業婦產科醫師接觸合作，化身網路駐站醫師，為那些深為月事所苦卻又羞於上門求診的女性們解答疑難。

　　從一開始投入資金架設網路，到許多網頁的設計，挑燈夜戰、熬夜趕稿、搜尋大量資料，凡事親力親為，但張雅媛一開始並非抱持

賺錢的想法，而是只想單純地享受工作時的成就感，並且希望做出些有別於一般的創業類型，因此，網站提供的服務完全免費，只要加入會員就可以享受網路上一切資源。

二○○四年「MeCare女人假期舒活網」開站營運，特殊的創業題材吸引媒體關注，不到幾年的時間，會員量暴增達六、七○○人次以上，網站大受歡迎，張雅媛也樂在其中，然而，SOHO協會理事長張庭庭的一句話，「服務是有價的，有價的服務才讓人更懂得善盡其用」卻一改張雅媛原來的想法。她開始考量網站服務收費機制的可行性，不過就在此時，網站卻也面臨了開站以來最大危機。

在媒體大量報導後不久，張雅媛即發現自己的網站被對岸網站完全COPY，爾後，網路平台無預警的掛掉，更讓原本經營許久、存於網站上的資料一夕之間全部消失，等於幾年來的心血全部歸

零。當初拿出私房錢十萬塊經營出成績的網站，儘管不求報償，卻也承受不了此番心血成灰的重擊。療傷期間，張雅媛認真地思索著網站存廢的問題，她形容，那真是種煎熬！要結束網站對她來說，就好像結束一個自己創造的生命般椎心刺痛，「再說，這真的沒有需求？沒有商機嗎？」

張雅媛沒有沈浸在挫折中太久，她很快地療傷止痛然後著手復原網站會員資料，因為，她有更大的夢將要去實現。

成功策略

除了做月經秘書服務，也兼賣女性生理相關產品，甚至以OEM方式自創品牌，形塑網路女人專屬健康藥妝店。

女性生理服務的藍海市場

她曾做過一項「女性對月經記錄的認知」調查，五百一十七份回收問卷中，只百分之五十一的女性有記錄月經變化的習慣，近一半女性則是憑記憶或感覺預測下一次月經來訪日期，但偏偏益加忙碌

的職業婦女，更讓女人對自己的生理週期越來越無法掌控，她斷言，這個服務是有其市場需求的！

二○○七年六月一日，全新的「MissCare 女人假期」再度開站，並且成立寶麗安生理事業公司，朝公司化經營。有別以往的新風貌，網站改採會員分費制，為的是能在資金挹注下，提供更豐富多元而完整的女性需求。舉例來說，新網站不僅著重在女性的生理期照護，更推而廣之，延伸至女人生命週期的三大生理現象－生理期、懷孕期和更年期的照護服務上。

服務的範圍更廣了，服務內容也更細微精緻了，除了提供月經記錄工具，包括記錄、試算、查詢列印及提醒功能，還有月經日記、基礎體溫日記與生理行事曆，特別是月經日記服務中，使用者還可自行設定，發送電子郵件或簡訊的月經、排卵日提醒，甚至可設定電子郵件副本寄送對象，通知親密愛人，預告生理期將來臨，張雅媛笑說，這樣的服務乍聽之下有點難為情，但她就曾經將此法用在先生身上，「收到生理期通知的老公，果然體貼不少！」職場同事得知訊息，也可避免自己因情緒不穩定影響職場人際關係。而基礎體溫的記錄、排卵日的提醒等服務，更讓許多月經異常、有懷孕壓力和正接受不孕診療的女性受惠不少。

目前網站採收費制，一個月九十九元、三個月一九九元，一年期九九九元並贈送網路商品，一切從頭開始，雖然忙得更起勁，不過張雅媛也學著放緩腳步，聆聽會員真正的需要。張雅媛說，網路會員服務收費機制後，會員對網站的忠誠度經營很重要的考驗，現階段，除了致力於持續擴充會員服務內容外，也積極尋找各種資金挹注管道，儘管越來越艱難，但是她不會輕易放棄，因為她始終相信，生理服務的市場，是片前景可期的藍海。（文／李靜采 攝影／王國宇）

創業一點訣

1 發現創業藍海

富有創新精神的張雅媛相信，創業就是要看見別人尚未看見的市場，並且是有潛力的，即使是已開發的市場，也一定要找出不一樣的創業點。網路創業不勝枚舉，但多少同質的網站在爭食商機的激烈競爭下，無法避免泡沫化的危機，但因為眼光獨到，正因為張雅媛發掘了沒有人開發的處女地，在一片網路創業潮裡，異軍突起。而即便許多人並不看好女性生理主題的網站，但若能換個角度想，生理用品的市場和生理服務機制的提供，都是商機無限。

2 將心比心，才能引起共鳴

張雅媛的創業點子，源自於自身的切身經驗，加上同為女人，深知女人所需，細屬「MissCare女人假期」提供的各項服務，總是記不清自己的月經週期、算不準排卵日期，那就用MC私密日記吧！難以啟齒的婦科問題，名醫專欄為妳解答；外裙外褲上不小心沾了難以去除的血漬，經血專用去漬劑很好用；還有補血產品、排經血產品等，都是女人切身需要之物，這就是張雅媛強調的，將心比心投其所好，才能引起共鳴。

3 微型創業，善用資源

創業最忌好大喜功，野心太大！張雅媛說，借款創業每個月都必須因為貸款而飽受壓力，因此她非常謹守「有多少錢，做多少事」的原則。創業資金十萬，網站擴充當然需要資金投入，以她來說，特別善用政府資源，不斷上網搜尋任何政府舉辦的網站競賽，一方面能獲得獎勵補助，另一方面無形中也是對網站的免費推廣宣傳，「MeCare女人假期舒活網」曾入選e天下舉辦的「e頭家～中小企業最佳e化案例」，和PCHome、花旗銀行同時入圍經濟部商業司舉辦的「第五屆e21金網獎」、更名後的「MissCare女人假期」也一舉獲得經濟部「第六屆新創事業獎」優質獎獎勵，並再度入圍經濟部商業司舉辦之第七屆「e21金網獎」決賽。

4 庫存壓力大

網路創業雖省去了店鋪成本，不過，卻難避免存貨成本，尤其是食物更有保存期限的壓力，加上現在的工作環境無法提供過大的儲存空間，張雅媛坦承，庫存的問題她目前仍在思索解決之道。因此，她也提醒創業者，應對存貨成本有妥善的規劃。

5 相關的法規知識，瞭解越多保障愈多

創業的專業技能不足，尚好補救，但是相關法規知識倘若缺乏，一不小心就會誤觸法網，惹上官司。張雅媛便曾因為商品供應商在商品文案上誤觸了食品衛生法受到衛生署相關單位傳喚，她提醒，相關法規務必瞭解越多越有保障，免得官司纏身得不償失。

6 仰賴專業

沒有人是萬能的！以為省錢而凡事太過親力親為，反而不符合經濟效益，所以，在條件允許的狀態下，要懂得專業分工。現在的「MissCare女人假期」，將電子商務的資料建構、維護等外包給專業的網路工作者，也計畫將行銷事宜交給專業的行銷專才，自己則可專注於資金開拓和整體事業規劃。

許秀綺

水果達人

店名：HUG時尚水果概念館 www.hug.com.tw
創業內容：生鮮水果
創業金：30萬
創業資歷：2年

水果身份證，打響年輕人的網路事業

賣水果也是可以有感情的。她東奔西跑，跟農民搏感情，找無農藥殘留和有機的貨源，除此之外，她還幫水果去除「土味」，讓水果晉升時尚階級，成為高級伴手禮。

二○○五年六月，一個關於「擁抱甜蜜」的故事在網路誕生，孵夢的主人翁，是才七十年次的許秀綺。

「人生苦短！」當同年齡的朋友還在盡情享樂青春、為情苦惱之時，許秀綺卻是抓緊每一刻圓夢的時機，成立了HUG時尚水果概念館，如同介紹文案上寫著的：HUG中文為「擁抱」，以提升台灣水果的精緻化為理想，致力行銷台灣水果，並秉持「擁抱果香‧情意典藏」的創意，提倡自然農耕概念，為水果賦予時尚的霓裳。

喜愛看日本節目的許秀綺，對日本人善於水果包裝的行銷技巧印象深刻，經過包裝後的水果，價格立刻翻好幾倍，「日本能，台灣為什麼不能？」勇於嘗試的她，於是將行銷方式運用在台灣水果銷售上，創立兩年多，他們讓水果化身為時尚精品，賦與其成長故事生命，成功開啟網路販賣水果商機，如今，HUG銷售的台灣水果多達數十種，以及各種地方特色產品，月營業額三十幾萬，佳節時期更達到銷量衝上百萬的佳績，為七年級創業畫下令人咋舌的驚嘆號！

初生之犢，點子一籮筐

念的是靜宜大學青少年兒童福利系，不過打從唸書時候開始，許秀綺早已打定日後創業的主意。於是在學期間，她輔修企管系，大學畢業，雖然沒立即走上創業之路，但她仍懂得為夢想鋪路，在百貨公司的超市擔任樓管工作，接觸零售業必須具備的知識，也跑去應徵著名的戰國策網路行銷公司，摒棄制式的履歷表，初生之犢不畏虎，許秀綺大膽地在一張A4紅紙上，貼上一片衛生棉，文案寫著：「我像衛生棉，吸收力超強，不信你試試看。」還沒進創意公司的門，就已經展現儷人創意，這別出心裁的創意自然為她贏得老闆的賞識，事後同事們還開玩笑地說：「剛開始大家都以為是老闆得罪了哪位小女子，招惹來的惡作劇呢！」

許秀綺腦袋瓜裡獨到的想法，早在踏入職場之時已可窺端倪。

掌握每個創業的人脈和契機

許多年輕人初入職場，常抱持著騎驢找馬的心態，往往自以為志不在此於是輕忽了耕耘，但，人生沒有用不到的經歷，在戰國策工作期間，許秀綺學習到不少廣告與行銷方面的知識，在百貨公司超市的食品零售經驗，則開啟她投身網路水果販賣的契機。初創業時架設網站，公關公司當時的老闆還成為最好的智囊團，給了許多寶貴意見，而直至現在，許秀綺的HUG許多行銷活動與產業消息都還持續和百貨超市之間保持良好合作關係。即便是抱持創業的心態，職場裡每一次當下的投入若能努力，有可能成為日後創業的籌碼。

創業的念頭始終沒有停過，終於下定決心，辭職創業。但一開始，許秀綺並非立即投入網路，而是循著一般年輕人的創業途徑，路邊擺起小攤。不過，創意至上的她並不安於販賣和別人一樣的東西，即便相同的東西，也得賦予新鮮的滋味！酷愛日本節目的她，看到日本電視節目裡製作「熱的三明治」，用特殊的機器將兩片土司壓成盒子狀，加入豐富的餡料。有了想法，也找到最適合的製作工具，接下來就是地點的選擇。北上後一直住在淡水的她，因著地緣關係就近選在淡江大學門口作為創業的起點，除了學生客源多，租金低廉也是考量之一，她向臭豆腐攤分租上午十二點之前

失敗經驗

為了開拓客源，去竹科擺攤，最悲慘的紀錄，一整天只有一個人買。

的時間，一個月租金只要三千元，相對地也就比整個月的店租省下不少；她用壓克力作招牌，為小攤取了個可愛的店名——「日光吐司盒子」。日本味兒十足的「日光」兩字，映照著別出心裁的「吐司盒子」，每日清晨，開始在校門口外閃閃亮著，一點點的創意，

就讓早餐滋味變得不一樣了。果然，開業三個月，生意越來越好，成了許多淡江學生的早餐最愛。

但所謂的創業，就到此為止嗎？隱隱約約，許秀綺知道自己仍是不滿足的。這時，媽媽的一句話驚醒了她，「媽媽說，要賣早餐，五十歲以後再說。」聽似對第一次創業的她潑了冷水的無情言語，卻讓許秀綺更明白這樣的傳統實體創業模式早已無法滿足自己。

　　懷抱著創業大夢，許秀綺自嘲自己愛吃，所以很清楚知道，要創業，就一定要做和食物有關的行業！而自己最愛吃的莫過於水果，加上阿嬤家原本即為務農，自小對農業即有份不可言喻的情感，男友更是出身關子嶺務實的農家，而做過行銷的她，也深知經過包裝後的產品，其價值必定不可同日而語，私人的因素外加理性分析市場環境，大家對有機農業的益加重視後，就這麼地，她大膽一頭栽進網路創業賣水果的事業裡。

親自跑產地，跟在地農民搏感情

　　創業初始，許秀綺即打定主意，有別於市場買得到的，鎖定較為罕見的頂級高單價水果類，強調無農藥殘留和有機兩大特色，除此之外，她還要幫水果去除「土味」，讓水果晉升時尚階級，成為高級伴手禮。為了尋找貨源，他們親自下鄉和農民們搏感情，這雖然對來自新營鄉下的許秀綺而言並不難，不過每每在相談甚歡後拿出合約的一剎那，吃到閉門羹。許秀綺說，許多農夫連電腦是什麼都沒見過，要跟他們談網路購物實在太抽象，加上農民純樸慣了，一提到合約這種東西，難免擔心「莊稼人」會被城市人欺騙，戒心就會油然而起，光是整個解釋、切磋過程來回，就得耗費不少心力，若不是打從心底就確定這項事業、若不

是打從心底知道自己要的是什麼，很難堅持下去。

　　她們跑產地，只要風聞哪裡的水果夠特別，不管上山下海，南往北跑儘量都是當天往返，爲的就是節省住宿費，就連崎嶇蜿蜒的梨山，她們都強迫自己當天來回行進於險惡的中部橫貫。提起難忘的梨山跑產地經驗，許秀綺至今仍會一陣腳底發麻。她還記得，當初開著十幾年的老爺車，顛簸越過土石流甫肆虐之處，倘若開車技術稍有差池，一不小心就會跌落深崖，彎彎曲曲的山路，還讓自認爲身體勇健的一群人嘔吐連連，整個過程只有狼狽兩字足以形容吧！然而，就在當地深山人煙罕至的老部落裡，她們遇到了一位年輕果農，看著果農徒手搬開一顆顆土石流遺留下的大石頭，她們問他：「不怕危險、不怕辛苦嗎？」年輕果農卻是輕鬆地回答：「祖先都是這樣子做的啊！」當下，自以爲歷經千辛萬苦的狼狽，在這年輕人的話語裡卻顯得渺小再也微不足道，這年輕人所種的水蜜桃，成了HUG時尚水果概念館長期合作的對象。

　　有時，產地拜訪也常出現戲劇化的結果。比方有一次她們去到台東，原是爲了拜訪一家輾轉經過朋友介紹的釋迦果農，誰知好不容易到了現場，找到果農，卻怎麼也無法說服連PC都未曾見過的果農，把水果交給她們代銷，就在雙方尷尬地面面相覷時，果農的媳婦卻領著她們到娘家去，才發現，原來媳婦的娘家也是種釋迦的，而且水果的品質經評鑑後，更是豎起大拇指的水準。這名釋迦果農也成爲HUG的長期合作供貨商，那位好心的年輕媳婦，今年還特地捎來一封問候信函，爲彼此合作更添溫馨。儘管和當初預設的不同，誤打誤撞卻成就了另一個更美好的結果。

　　跑產地，讓許秀綺的生活成爲經常性地移動在不同的時空座標，甚至跑出自我一套心得。她笑稱「最怕去苗栗和客家人打交

道」，因為，「南部人喜歡做朋友，再談合作，而客家人則是一板一眼的先講清楚，再做朋友」。這樣的歷練，許秀綺坦言，很辛苦！但也因為這樣的閱歷，讓她體驗了一般上班族不會有的感受，貼近土地瞭解每一顆飽滿瓜果由青澀至成熟的過程，體會瓜農栽種果樹道不盡的心酸卻又甘之如飴的樂天知命，許秀綺清

楚，許多果農都是因為看見他們對農產品的熱忱而深受感動，才會安心把水果交給毫無經驗的幾個毛頭小伙子代銷，來自土地和農民的真情，一切一切，遠比坐在辦公室領到薪水的那一刻來得更令她動容，腳踏實地參與著這片土地源源不絕的生命力，讓許秀綺對這份工作，無怨無悔。

成功策略 ☀

讓農產品不只是農產品。在部落格上寫故事，對潛在消費者進行「情感行銷」，帶來三個效果，1.媒體採訪蜂擁而至；2.網友訂購率踴躍；3.果農自動找上門，希望加入合作團隊。

自創「水果身份證」，部落格情感行銷奏效

　　有了貨源之後，緊接著就是開拓客源的挑戰。除了架設網路外，她們也曾土法煉鋼和派報公司合作，在許秀綺口中所謂「有錢人活動的區域」隨報夾送產品DM，不過她很快發現這樣的方法不符合經濟效益，因為，公司知名度尚未打開，敢於貿然訂購的人少之又少，但DM製作和隨報夾送又是一筆可觀的支出；她們也曾仿照許多廠商，在超市擺攤試吃、到竹科和公家單位外參與廠商活動，可是效果總是差強人意。許秀綺分析，竹科辦活動，有時間參與許多都是清潔工和一般人員，一顆蘋果一顆蘋果當場送，但由於她們的水果屬於高檔貨，經常遭到「一顆那麼貴，我去市場買就好了啊」的質疑，曾經，最悲慘的紀錄是擺攤一整天，只有一人買。

很快地，HUG團隊伙伴們從現實覺醒，當機立斷將大部分心力專注在無須花費太多成本的網路。一方面勤發電子報，另一方面，跑產地的過程裡，許秀綺常和農民們聊天，瞭解栽植的過程點滴，她突發奇想，若能讓吃的人瞭解水果背後的故事，那份吃在嘴裡的感覺，會不會更顯清甜?!

於是，她發明「水果身份證」，介紹水果生成的來龍去脈，為水果的安全「掛保證」；開始為產品寫故事，和買者分享她的所見所聞所感動。

她寫出南投仁愛深山果農為了栽種有機甜柿的付出，「這裡有許多生物，松鼠、猴子還有蛇，他買水果給動物吃，希望牠們吃飽了就不會吃甜柿」；寫下對務農父母辛苦拉拔兒女長大的感謝，「豆漿椪柑成了我們創業的原動力，我們知道，爸爸媽媽很辛苦，做農的人，就是這麼腳踏實地在努力著，他們總認為土地不能荒廢著，因為是土地把我們養大的。」

許秀綺的「情感行銷」奏效了，許多的採訪蜂擁而至，讓HUG知名度一夕大開，網友的訂購率踴躍，甚至還有果農自動上門希望加入他們的合作團隊。許多農民因網站曝光而成為電視節目爭相邀訪的農業達人，許多電視台近年積極籌畫的「新農業運動」單元，HUG時尚水果概念館可說是貢獻不少。

降低批發商壟斷，力圖創造網路最大生鮮超市

靠著創意和努力，許秀綺的網路水果行銷在短短不到兩年的時間，成績斐然，中間雖經歷低迷，不過許秀綺從會員買戶分析發現，消費大宗以三十到四十五歲的女性為主，這個年齡層的女

性，不是有獨立工作能力，就是已婚有小孩，對於品質和有機的要求特別高，整個有機市場可說是越來越成熟，因此她對未來十分看好。

再者，颱風過後蔬果價格被中盤商壟斷的問題浮出檯面，但是在相關單位才在商量對策之際，HUG時尚水果概念館早就在做了！透過產地直銷，免去批發商的高額抽成，讓更多利潤得以留在農民身上。而因應多元化經營，目前HUG也在積極轉型，除了既有的本土水果外，也積極引進國外特選蔬果，還有各式各樣的地方特色美食，並且將經營觸角延伸到禮節禮盒規劃設計，許秀綺信心滿滿地說，她要創造台灣最大的網路生鮮超市！

家人力挺，創業最大推力

HUG時尚概念水果館，目前的成員包括許秀綺、姊姊許秀曼和男友王啓安。當初，許秀曼原本是上北部打算找工作的，但由於妹妹亟需人手，不加思索便投入和HUG一起打拚。剛開始，家裡的媽媽也難免擔心，姊妹一起創業，搞不好一起失業怎麼辦？但許秀綺處女座和許秀曼的雙子座，一個膽大心細、一個圓融機智，個性上的互補和姊妹間深厚的感情反而成為齊手創業的推力。

男友王啓安原來則是手捧鐵飯碗的公務員，深受許秀綺創業想法的感動，在經歷一番深思熟慮和家庭革命後，也毅然決然和女友一起為夢想努力。問他怎麼捨得，他笑說，自己還那麼年輕，難道要一輩子就不再作夢了嗎?!

三人各司其職，秀綺負責行銷、秀曼負責客服和廠商聯繫、啓安則負責跑產地、產品和所有行銷所需的照片。自家人創業，最怕相

互拖累怠惰，但是他們反而相互督促，制度比照一般公司，每個月所有員工固定開會討論，為了激勵士氣，還舉辦員工旅遊。

　　開朗樂觀的許秀綺不諱言，創業這二年來，自己也曾因為壓力過大而大哭，但她從未想說要放棄，反而會在哭過之後深思，到底是哪裡出了問題？而讓她能夠持續樂觀面對的勇氣，便是來自家人的支持。尤其是原本不太贊同的媽媽，為了減低媽媽的疑慮和擔心，她們特地教媽媽上網和MSN，讓南部的媽媽可以透過網路看見她們打拚的成果，如今，媽媽還經常會扮演監督角色，對她們的網站部落格提出建言。

　　許秀綺認為，創業的人一定要樂觀，秉持「沒有解決不了的事」的信念，並讓家人成為自己創業背後最大的支持，如此的創業才有永續的可能性。（文／李靜采　攝影／張明偉）

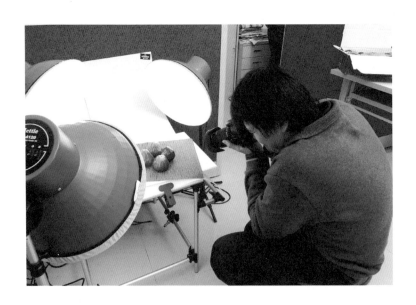

創業一點訣

1 善用政府資源

為了創業準備，許秀綺曾經花錢參加行銷雜誌舉辦的演講活動，不過她更建議想要創業的人，留意政府提供的相關資源，許秀綺本身即曾參與青輔會舉辦的飛雁計畫，當初的企畫案便是以HUG水果概念館為發想，雖然，許秀綺笑說，當初所有老師都不看好她的創業計畫，不過她自己老早打定主意。在參與青輔會後，無形中許多座談和活動裡，增加了公司曝光的機會，讓知名度快速竄升，甚至有機會代表台灣參加APEC婦女創業高峰會議，到埃及一展眼界。

2 將存貨成本降至最低

許秀綺提到，農產品的毛利很低，但風險極高，舉例來說，剛開始是先向農家整批進貨，但進了貨不一定就能同時接到訂單，導致水果就這麼腐爛，許秀綺笑說，圓滾滾的身材就是這麼來的。再者，也經常發生有接單之後，農產地卻因為自然災害而無法出貨的窘境。

> ☺ **解決方案**
>
> 在與農家長期合作取得信賴後，現在，HUG只要將設計好的紙盒運送到果農家中，網路上接到訂單後，下單給果農，便可直接選貨包裝，請宅急便收貨，做到產地直送。

3 消弭消費者網路購買疑慮

為了降低實體店鋪的成本選擇網路通路，但網路上賣農產品最大的挑戰，莫過於必須打破消費者長久以來對於新鮮蔬果「看得見、摸得到」的心防。

> ☺ **解決方案**
>
> 找出問題點，對症下藥。使用「無農藥殘留」和「有機蔬果」的認證標章以取信於買家，又將親自拜訪產地的故事和照片記錄於部落格上，讓消費者「眼見為憑」。

4 客訴問題處理

克服了產品問題，客訴問題還是難免，常常因為寄送貨的問題接到客訴電話，對於客人的吹毛求疵，也得耐心解決。就像中秋節時接到了300盒的蜜瓜大訂單，許秀綺強調，每樣產品出產一定都經過檢查，但消費者收貨時發現非常少量的蜜瓜蒂頭上有些小發霉，因此大發雷霆，許秀綺說，那些小發霉對蜜瓜本身並無影響，為有些客人並不理會解釋，對此，她們也立即辦理換貨。

未來，除了會更加強電話禮儀外，HUG也獨家推出簡訊服務，消費者在商品送達的前一天，會收到簡訊加以確定，讓買賣雙方獲得更多保障。

5 保持高度熱情，勝過熟知農業知識

農產品的等級分類細微，但是不是要投入農業行銷，就應該具備越多專業知識越好？對此，許秀綺有個妙論：「太專業的人，會失去行銷的角度。」她說，把專業放心地交給在地農民就好了，但是行銷的重點，反而是要懂得去將細微特色放大強化，舉例來說，嘉南平原產的紅柑，紅色代表喜氣，紅柑在她的筆下於是成了「囍柑」。

張李玉菁

店名：STEPHANE DOU CHANG LEE YUGIN
創業內容：服裝、配件
創業金：5萬元
創業資歷：12年

從28件衣服開始，搶下創業大滿貫

張李玉菁回憶，「在畢業之初，我壓根就沒想過要自創品牌」，
但幸運的機會來了，她和男友竇騰璜抓住了衣蝶創立的機會，從
此踏腳實地地扎下時尚的根基……

　　一九九五年，力霸百貨南西店轉型爲女性時尚大店「衣蝶流行
生活館」，並成立解放區扶植國內新秀設計師，張李玉菁與男友
竇騰璜也順勢掌握這個良機創立了個人同名服裝品牌。

　　二○○七年底，衣蝶受力霸案拖累而陷入風雨飄搖，並被迫結
束台中門市，STEPHANE DOU CHANG LEE YUGIN卻不被衣
蝶積欠貨款所拖累，不僅年營業額高達數千萬元，十一月更同時
在台北、台中開設全新據點，傲視同時期自解放區出道的年輕設
計師。

從助理工作了解成本控制

　　「在畢業之初，我壓根就從沒想過要自創品牌」，張李玉菁回
憶。

　　儘管男友竇騰璜在專科三年級（一九九○年）那年，即榮獲紡
拓會第四屆設計師新人獎第一名肯定，張李玉菁個人也在畢業次
年（一九九二年）獲得新人獎第三名，畢業於實踐大學前身——
實踐家專服裝設計組的二人，卻一心只想到服裝公司好好發揮所
長。

畢業後，張李玉菁立刻到學姊開設的手染服飾公司擔任設計助理，不料學姊因賺錢在板橋置產，連帶也把公司搬至板橋，讓住在和平東路的她為了每天通勤而苦不堪言。

剛好竇騰璜因參加紡拓會舉辦的「國際年輕設計師競賽國內初選」，以一襲「太極」為靈感的作品贏得代表台灣權，他的創作更深獲評審呂芳智、李冠毅、黃嘉純、溫慶珠等人激賞，隨即獲聘進入設計師黃嘉純的公司擔任新創副牌的設計師，並為此延畢一年，在其介紹下，張李玉菁也進入黃嘉純的服飾公司擔任設計助理。

「職稱說是設計助理，其實，最重要的工作是做生產管控」，張李玉菁解釋，管控的工作範圍極大：從依據設計師的設計圖採購布料、發包打版製作、訂定生產企劃，到服裝完成後計算初始成本，作為未來計價依據，幾乎包辦了服裝公司的所有後勤工作，其中還包括每件服裝價格的訂定。

甚至有倉管人員離職，她也必須親赴倉庫點貨、送貨。儘管工作如此繁雜，張李玉菁卻樂在其中，因為工作範圍夠廣，她因此摸透服裝工作的整個製作流程，尤其是每件服裝成品的原料、作工等初始價格的訂定，讓她收穫最多。因著這個工作的磨練，張李玉菁對成本控管有了基本認識，並成為她日後自創服裝品牌的最大助力。

從制服推廣了解市場需求

張李玉菁的設計助理的日子，在忙碌中度過，但隨著延畢一年的竇騰璜入伍當兵，老闆黃嘉純也因結婚而決定收掉公司，張李玉菁便轉往力霸集團旗下的制服課繼續擔任設計助理的工作。

她透露，其實這個工作是竇騰璜介紹的。因為當年制服課成立，

總經理王令楣一度計畫舉辦制服秀，在紡拓會的介紹下她邀來竇騰璜擔任設計，儘管最後秀沒做成，彼此卻也成為相當不錯的朋友，進而促成張李玉菁的轉進。

有趣的是，這個助理不僅同樣要負責所有設計與生產雜務，由於制服廠必須有訂單才能製作，身為助理的她，往往也需要陪同公司業務跑客戶，待了解客戶需求後，還得回頭與制服廠溝通後續的製作工作。張李玉菁不諱言，全新的工作內容與工作型態，讓她進一步正視「市場需求」的重要性，與後勤製作配合的不可或缺。

布料展開啟創業的重要關鍵

雖然兩人是班對，先後也拿下紡拓會設計新人獎，張李玉菁透露，她從未想過要與男友搭檔設計，甚至共同成立服裝品牌。

促成兩人攜手的最大關鍵之一，張李玉菁回憶，應該是一九九四年接受紡拓會邀請參加布料展。由於這項展出目的，是為了呈現台灣布料之美，展現台灣紡織王國的實力，所有參展設計師都被規定，要以本土布料作為素材來進行創作。

　　由於兩人參選的作品分別獲得三、四家布料廠的邀約，於是他們決定攜手合作，並且與兩家布料廠共同創作，發展兩條不同的設計路線，奠定合作的良好基礎。

　　事實上，這次合作不僅開啓兩人共同創業之門，也由於展出作品得到非常熱烈的迴響，他們與這些布料大廠不僅結下了良好情誼，也讓這些原本僅供應歐美服飾大廠的本土布料廠（一次買賣都在萬碼布料以上），願意以等同sample的便宜價格，賣給他們一～二○○碼的零碼布。這項優惠大大減輕了兩人創業時的成本負擔，更重要的是，他們能以全台獨家擁有的布料，設計出專屬品牌的特色風格。

跟隨衣蝶解放區創立品牌

然而，真正促成兩人自創服裝品牌的最大關鍵，則是衣蝶流行生活大店的開幕。

張李玉菁表示，儘管兩人原本只想好好待在服裝公司上班，不過，二〇〇四年竇騰璜退伍後，過往獨當一面的設計工作經歷，反而成為他的絆腳石，這讓他在求職時處處碰壁，一方面他也不想到一般服裝公司設計連自己都不想穿的服裝。

正在苦惱之際，機會來了。剛巧此時力霸百貨南西店正計畫轉型為女性大店「衣蝶」，卻因遭逢鄰居新光三越南西店阻礙而無法順利招商，因著女友在力霸上班的關係，竇騰璜大膽向現任衣蝶總經理王令楣提出建議，仿效日本伊勢丹百貨成立以本土新秀設計師為主的「解放區」，這樣不僅可以創立品牌特色，同時也解決了招商的困難。

雙方就這樣一拍即合，竇騰璜並在王令楣的要求下，提出解放區的經營企劃書，進行風險評估，並負責招募當時同為設計比賽出身的新秀設計師許仁宇、張伊萍、胡雅絹等人加入，自畢業以來一直相互扶持的伴侶張李玉菁，自然也毅然而然辭去工作，協助男友一同走上自創品牌的道路。

憑五萬元二十八件衣服奠定基礎

一九九五年，衣蝶流行生活館開幕，集合本土新秀設計師的解放區正式成立，宛如當年中興百貨首度集合國內設計師的規劃，立刻受到時尚媒體的廣泛報導，張李玉菁也與男友聯手推出同名

品牌「STEPHANE DOU」，因為兼具質感的設計，一上市就廣受消費者歡迎，為自家品牌經營奠定良好基礎。

初試啼聲即一戰成功，卻沒有人知道，「STEPHANE DOU」開幕之初，架上只有少少的二十八件衣服。張李玉菁回憶，相較於解放區的其他設計師，有的得到家人的資助，有的甚至早已成立服裝公司，只有他們擁有毫不起眼的兩人服裝工作室。還好兩人自學生時代就愛買布，再加上五萬元會錢採買扣子、拉鍊、車線等配料，他們就這麼一人裁布，一人打版、縫製，完成了創業首批的二十八件衣服。

開幕首月即遭逢財務危機

且不知是該高興，還是難過，開幕之初業績表現大好，二十八件衣服很快就賣到缺貨，由於請不起代工，兩人幾乎早上一起床就開始做衣服，下午趕送至衣蝶補貨，再拿回客人待改的服裝回家處理。馬不停蹄的工作，很快就讓兩人忙得喘不過氣來，因此決定聘請一位媽媽作代工，為了工作方便，他們索性在永和租一層小公寓當工作室，就近當代工媽媽的鄰居。

才開始高興兩人的工作步上軌道，開幕月餘，他們卻遭逢創業以來最大的財務危機。張李玉菁說，當時兩人壓根搞不清楚百貨公司的結帳日期，儘管相較其他廠商結帳僅能拿到三個月的期票，為了照顧這群初創業的年輕設計師，衣蝶已給他們一個月的期票，由於無法在第一個月後即拿到現金貨款，僅有的五萬元會錢要買布、付房租，根本沒有餘錢付給代工。

為了解決財務危機，讓品牌順利運作，張李玉菁一度回家告急，

卻也因此被媽媽臭罵一頓。或許是老天爺疼惜有才華的人,這回輪到她代表台灣參加年輕設計師競賽。為了參加競賽,這兩個年輕人一派瀟灑,乾脆鎖上工作室大門,交代專櫃小姐一聲即雙雙遠赴印尼參賽了。

自嘲跟「第三名」很有緣的張李玉菁,再次得到第三名的榮譽,並且獲頒五〇〇〇美元的現金獎金。回憶這筆順利解決財務危機的及時雨,她笑說,初領到這筆獎金,欠缺數字觀念的兩人還一度誤算為新台幣一五〇〇〇元,不料回到旅館細算才發現匯

率少算一個○，獎金其實高達十五餘萬元，像是久旱逢甘霖，兩人高興得在床上狂跳尖叫，歡慶順利度過了財務危機。

儘管日後逐月順利領到貨款，但張李玉菁依然認為，能歷練此次的財務危機，是創業中很好的經驗，它讓兩人「深刻」體認到：不要想太遠，先做好眼前的工作，待有能力後再進行下一步的計畫。

畢竟計畫永遠趕不上變化，一九九七年，解放區成立屆滿二年，為了讓更多設計新血加入，在衣蝶的要求下「STEPHANE DOU」走出解放區，正式設立獨立櫃位。對於這樣的決定，張李玉菁倒是相當坦然，除了因為兩人業績往往佔了解放區全月業績的一半，對其他三人也難免感到不好意思。

況且四個品牌混雜在同一櫃位中販售，儘管分區陳列，且每人訴求的設計風格不盡相同，但在商業的考量下，好的創意有時難免被同區品牌所參考，長久下去自是不甚愉快，為免破壞彼此的情誼，不如獨立經營更為自在。

獨立設櫃確立雙品牌經營模式

只是，獨立看似簡單，其實挑戰相當多。張李玉菁不諱言，當初一個櫃位有四個品牌協力經營，每個牌子只有一個吊桿，每季頂多推出近五十款新裝即可。自從獨力經營一個專櫃後，每季的款式與產量勢必暴增四倍，也就是說，每季起碼要設計多達二○○款的新裝才夠賣，光是服裝本身的成本就暴增四倍之多。

甚至在人事成本上，為了應付四倍的生產量，不僅必須聘請一位助理專責打版工作，加上過往解放區的銷售人員是由衣蝶負責聘請，在成立獨立櫃位後，勢必得聘請至少兩位銷售小姐，原本兩人的小工作室也被順勢擴編為五人的小小服裝公司。

畢竟商品力才是業績致勝的關鍵，為此，兩人開始思考，該如何「充實」這個獨立的櫃位？光靠一個品牌一條路線，會不會流於空泛？甚至進一步省思「到底自己設計、製作的衣服，是自己真正想要穿的衣服嗎？」

自學生時代起相知相戀，不管是應付功課，參加設計競賽都習慣一起討論的兩人決議，再開出一條以張李玉菁為名的副線「CHANG LEE YUGIN」。同時，在品牌精神上也更加鮮明的定位，如「STEPHANE DOU」堅持竇騰璜一貫鍾愛的中性時尚風格，利用男裝的條紋布料裁製女裝蓬裙，創造一種剛柔並濟的時

尚輪廓，款式設計更完全依照這個年齡女性可能出席的場合，從滿足其穿著需求進行設計。至於由張李玉菁操刀的「CHANG LEE YUGIN」，則以年輕、休閒的中國風情切入市場，主顧客年齡約比主線年輕五歲。

只是，這樣的市場定位並非源自嚴謹的市場調查，而是根基於過去二年在解放區的經營經驗，與偶爾為顧客進行量身、修改、訂做時所獲得的直接反應。張李玉菁強調：「最重要的層面還是得回到設計的本身，如果自己設計出來的衣服連自己都不想穿，怎麼說服客人買回家穿呢？」

或許這一路走來兩人都堅持做自己想穿的衣服，隨著生活的歷練，出席場合的不同，STEPHANE DOU CHANG LEE YUGIN也不斷強化系列的完整性，從適合日間上班、夜間出席派對、玩樂等不同功能需求的服裝，同時，更因搭配作秀的服裝，慢慢發展出鞋款與手袋等配件系列，近年來也因竇騰璜的男性身分，慢慢加入男裝系列。

分工明確　發揮加乘功效

從草創時期的單一品牌，到後期的雙線進行，儘管張李玉菁與竇騰璜分別都掛名設計師，相知相戀近二十年的感情基礎，使得彼此培養出極好的工作默契。擅長規劃、設計的竇騰璜負責大方向的規劃與風險評估，張李玉菁則憑藉著先天細膩的心思，與畢業初期擔任生產管控所累積的深厚後勤經驗，專責買布、發包等細節的安排，甚至初期預算有限的情況下，還要兼任會計。

即便是每一季服裝的設計創作，也是兩人各自設計，再進行最

後討論。當然，各持己見、發生爭執的狀況也會發生，張李玉菁笑說，或許兩人都屬於水象星座，彼此會願意傾聽對方的相反意見，而不會在事後指責對方。「當然，更重要的原因是，因為了解對方的個性，往往會在爭執過後，再慢慢說服對方。」

不強求的經營哲學

回顧創業近十一年的點點滴滴，張李玉菁認為，品牌經營成功的關鍵，就在於「一切不強求，認真把握眼前的每一個機會，努力做好每一件工作，今天的每一步，都將是明天前進的基礎。」

像是當年中山旗艦店開幕，儘管中山北路寸土寸金，巷弄內的房價卻是低一大截，想要完整展現品牌精神的兩人，硬是大膽租下二層樓的開闊空間，並找來具有相同設計理念，並希望一展長才的年輕室內設計師規劃，甚至在建築材料上節省預算，如大方

展露的風管，除了是一種未來空間藝術的展演，更是爲了省錢所作的決定，兩人就這麼一步一步在預算範圍內完成開設獨立概念店的夢想。

十月底全新開幕的大安門市，也是某日張李玉菁在回台中的路上，恰巧經過大安路，剛好看到旁邊巷弄有店面在招租，兩人當下決定去電詢問，由於價格遠低於大安路上的店面，不到十分鐘時間就決定承租，開出了第二間概念店。

甚至是2007年開幕的台中中港路門市，儘管下半年開店密集，張李玉菁坦言，由於台中衣蝶結束營業，爲了不讓台中的主顧客失望，同時更是爲了讓原台中店的小姐不至於失業，只得以最快的速度開店。

密集開店看似風光，外界可能不知道的是，衣蝶的財務危機影響的不僅僅是台中店，去年爆發的力霸財務危機，曾經提供兩人創業管道的衣蝶也積欠了不少貨款，這的確對品牌經營造成相當的壓力。

　　對此，張李玉菁秉持一貫踏實的想法，畢竟一路走來與衣蝶的經營團隊累積相當深厚的情誼，一方面很氣，一方面又對其遭遇深感不捨，與其為可能拿不到的貨款傷心，倒不如像竇騰璜所言：「就當成是舉辦一場盛大的公關活動花掉了。」（文／張曉苔 攝影／張明偉）

創業一點訣

1 每一件服裝都是自己喜歡,且想要穿在身上

當時只是單純的想,衣服若是賣不出,留下來自己穿也不浪費,但一路走來張李玉菁發現,消費者的眼睛是雪亮的,如果連妳自己都不想穿,不愛穿,如何說服別人掏錢。況且,正因每一件衣服都是為了生活的特定需求、場合所設計,才能真正貼合消費者的生活型態,吸引她們不斷回頭採購。

2 不急於擴大經營規模

或許是被創業首月的財務危機嚇到,負責管帳的張李玉菁始終堅持「有多少錢做多少事」。尤其,看到同期出道的某位設計師,才開幕就成立豪華辦公室,員工更是支領高薪,結果不到數年資本就燒光了,只能默然收掉品牌。

誠如「解放區」設立初期,僅他們兩人採取服裝工作室的型態經營,其後才因帳務需要而成立公司,且直到公司逐步擴編有七、八人的規模時,才開始支領每月三萬元的薪水。

3 從業績目標設定嚴格生產計畫,並將庫存降至最低

張李玉菁笑說,從二十八件衣服開始創業,直至現在依然記得,第一季結束時,存貨僅需要一個百貨公司的提袋就足夠拎回家。

當然,這樣的景況絕對不可能再出現,但為了有效控管成本,避免過多的存貨產生,自決定設立獨立櫃位開始,每一季總會根據希望達成的營業目標反推生產計畫。她舉例,一九九七年設立第一個獨立櫃位時,即被告知每月須達成至少五十萬元的業績,就這麼從五十萬元業績反推必須至少賣出幾件衣服,再反推每月須達成的銷售比率,對於這個銷售目標的訂定既不會過於樂觀,但也不會過於保守,如此就能用最務實的態度,擬定每季的生產計畫。

4 不畫大餅,一旦有機會也絕不會退卻

熟悉張李玉菁與竇騰璜的朋友都知道,他們絕對不會輕易畫下一年做多少業績,開多少店的大餅。

張李玉菁坦言,畢竟情勢不由人,就像當年不想從解放區獨立,但依然被要求獨立設櫃。但有好的機會也不會輕易錯過,正如當年掌握衣蝶招商不易的機會,毛遂自薦開始創業良機,新開幕的大安店更是恰好經過,聯絡發現店租可以負擔,待承租下來後才展開營業計畫。

網拍高手

董姿利

店名：QUEEN & DADDY
創業內容：珠寶販售
創業金：10萬元
創業資歷：7年

情侶檔開始的珠寶網拍奇蹟

一學期的寶石學，一次電影海報網拍成交的經驗，讓兩位在校研究生開啓了珠寶事業的想像。然後，他們赴美到GIA深造，終於突破了不是「銀樓世家」出身，也能賣珠寶的限制。

　　唸的是地球科學系，卻因大二一門「寶石學」的課程，讓董姿利與先生王景林一頭栽入珠寶炫麗的世界中。他們勇敢抓住Yahoo!雅虎拍賣開拍的創業良機，一路從網路的虛擬通路再跨足實體通路，一步步創下今日千萬業績的規模。

無心插柳，確定志業方向

　　董姿利笑說，「大學上課的第一天，老師就拜託我們女生轉系。」不過，她因爲成績欠佳，並沒有成功轉出這個冷門科系，反倒是撿到了一個老公。原來，董姿利體力差，赴野外觀察時往往殿後，剛好當時的同學王景林個子胖又有氣喘，也總是落在後頭，於是兩人就這麼湊成班對了。

　　回想，兩人會走上珠寶這一行，得歸功於大二下學期的「寶石學」。由於授課老師教學生動，讓兩人深深著迷。對地質構造、地震等科目不感興趣的他們，因而心中隱約覺得寶石或許是未來可發展的方向。

　　也許是一種緣分，大四那年，學校再度聘請那位老師教授「寶石學」課程，早已高分過關的兩人，於是又回鍋旁聽，從此確立了從事珠寶相關工作的信念。即使當時已推甄進入研究所就讀，依然不放棄珠寶事業的研究，他們課餘猛跑誠品書店，大量翻閱珠寶雜誌、書籍，進修相關專業知識。

　　但兩人都非銀樓世家出身，進入這一行談何容易！攸關珠寶事業經營的上游貨源、金工製造，甚至是下游的通路，他們全都十分陌生，還好王景林對珠寶設計極感興趣，自大四起便積極嘗試設計圖的塗鴉創作，當年的他們，只是很單純地想像：或許可透過設計比賽跨足珠寶業。

得獎的挫敗，激發自創品牌的信念

　　就在此時，機會來了。台灣、香港舉辦翡翠設計大賽，熱愛設計的王景林自是不願錯過，十分幸運地，沒有任何珠寶、設計專業背景的他，憑藉著一張靈感源自「蛇」的創作入圍，卻沒料到，這個美好的開始竟是一種挫敗。

　　由於比賽規定，入圍的草圖需在一個月內完成成品，送交主辦單位審查，以考驗設計師的實作能力。董姿利回憶，為了找到願意代工的金工師，王景林發信給全省找到e-mail的銀樓尋找專業協助，甚至開出「一旦入圍，得獎作品、版權無條件贈送」的支票，得到的卻是一封封客氣或不客氣的回絕信函。

　　還好，靠著王景林媽媽硬著頭皮向出身銀樓的小學同學求救，終於獲得引薦金工師傅。董姿利笑說，當時兩人一度以為終於找到貴人，順利解決製造問題，不料，金工師傅要求自備翡翠，於是兩人

傾盡所有，湊錢至百貨公司買翡翠，卻被嫌到不行。後來只得尋求金工師傅的協助，直至赴美GIA研究珠寶鑑定才發現，光是那塊翡翠就不知被那名師傅賺了多少錢。

而且更令人灰心的是，作品獲得佳作肯定的王景林，興匆匆地北上領獎，卻在慶功宴上備受冷落。董姿利回憶著說，全場賓客幾乎全來自銀樓，即使有少數兩位設計師，也是以銀樓名義參賽，根本沒有表現意見的機會，極度挫敗的他們只得提早離席，自己幫自己慶祝，並在同時，確定了自創品牌的信念。

失敗經驗

向經常往來的大盤商購買亞歷山大鑽石，由於稀有，根本未曾見過真品，直至赴GIA研讀後才發現可能受騙，趕緊聯絡當年的買家寄回鑑定，並在確認是偽品後回收。

董姿利說，從歐美主要珠寶品牌發展的歷史沿革可以發現，國內珠寶界多由銀樓世家所把持，而歐美多採以品牌模式經營，甚至如Tiffany & Co在經營品牌的同時，更以設計師為號召，而這正是他們希望努力的方向。

從網拍銀飾累積通路經驗

建立品牌看似容易，實際操作才知道有多難。首先，就有上游貨源、通路與製造三大關卡極待突破。

儘管第一次參賽的經驗，就在上游貨源與製造上遇到難關，卻絲毫沒有影響兩人創業的決定，恰巧二〇〇〇年Yahoo!雅虎拍賣開始成立，董姿利嘗試po了兩張電影海報上網拍賣，沒想到居然順利成交，這個經驗讓她開始正視「網拍」的全新通路，也決定從這裡開始兩人的珠寶事業。

　　儘管王景林自大四以來創作了大量設計圖稿，但兩人當時都是研究所的窮學生，根本沒有本錢製造，只得各自集資五萬元作為本錢，先從美國、墨西哥網站標售具有設計感的銀飾上網拍賣。

　　由於當時沒有太大的經濟壓力，只想累積通路經驗，不希望暴利嚇壞顧客，他們的平均售價約訂在二千餘元左右，相較於坊間動輒四、五千元的售價，真的稱得上是物美價廉，此舉果然獲得不少「識貨」的顧客青睞。

　　不過，因為創業金是跟父親借來的，王景林的五萬元也是靠獎學金才湊得，兩人手頭十分窘迫。董姿利擔任研究生的薪水才三千元，而王景林每月薪水也才六千元。在此情況下，他們經營得十分保守，往往要等到批來的貨全賣光了，才敢再批貨，「平均一個月能淨賺一萬元就可以偷笑，業績不算太好，以現在的眼光看，更是效率欠佳！」

洞燭先機，完成品牌、網站註冊

或許是早早決定創業，董姿利透露，打從登上雅虎拍賣的第一天，兩人就選定「QUEEN & DADDY」作為品牌名稱，且沿用至今日，唯一改變的，是當年王景林設計的logo，因兩人已不再喜愛而棄之不用。

「當時的想法是：既然不想從事銀樓，也不考慮以設計師為名號，而是要走自創品牌的道路，那麼，品牌名稱的訂定就很重要。」甚至如董姿利所言，拜仍就讀研究所，學校擁有影印機、傳真機等事務機器的地利之便，沒錢委託律師代辦的兩人，早早就自個兒完成QUEEN & DADDY的品牌註冊登記，且當時一口氣就申請了十年的專利。

董姿利笑說，因王景林的哥哥對網路有所了解，很早就為他們申請註冊queen & daddy.com的網址，所以他們完全不用擔心，未來品牌名稱的登記註冊問題。

從GIA、寶石批發市場學習專業知識

或許是當年為了參加翡翠比賽，花了近八萬元買的翡翠還慘遭金工師傅嫌棄，最後只得退回委交金工師傅代購的經驗太深刻，讓他們深深體會：從事珠寶業，上游貨源的掌握極重要，但是否具備鑑定珠寶真偽，避免被騙的功力更重要。

由於透過當年「寶石學」老師的介紹，兩人認識了GIA（美國寶石學院），研究所畢業後，兩人一同飛往美國進修。在美國近二年的時間，除成功取得GIA寶石學家（G.G.）的資格，一向喜

愛設計的王景林，更再進一步就讀GIA的寶石設計學，學習正統寶石畫法，而董姿利則報名蠟雕，學習如何將圖稿轉化成成品。

在美國GIA就讀期間的最大收穫，其實，是來自洛杉磯第六街寶石批發市場（全球僅次於紐約的寶石交易市場）的實戰訓練。她坦言，過去在台灣沒有機會認識寶石批發、金工製造的盤商，現在也沒有這個需要了，因為，他們已在美國打下很好的盤商基礎。

董姿利解釋，由於GIA的課程仍是自礦物學開始教授相關知識，相較同學儘管出身珠寶或銀樓世家，卻是自此時才開始背各類寶石的學名，而主修地球科學的兩人早自大學一年級起即背得滾瓜爛熟，課餘時間往往就抓著老師詢問珠寶進貨、製造的相關問題，並在其介紹下，認識了素有「寶石街」之稱的第六街。

由於第六街規模大得嚇人，加上這裡十分專業，老闆只要開口問：「你打算出多少錢？」如報得太高，就順勢高價賣出，如報得太低，就知你不懂行情，董姿利坦言，第一次造訪根本嚇得不敢說話，只敢看，但自第二次起就抱著現金開始學習交易，只是初期也是從鑷子、天平秤、珠寶盒等周邊工具開始下手。

儘管鄰近加州聖地牙哥市的GIA，距離洛杉磯約二小時車程，但從第一次踏入第六街起至回到國內，每周六總要花費來回四小時車程前往，或是為了替台灣的顧客修改戒圍，選購小顆的寶石、珍珠，或是選購具有創意的金工戒台等。就這麼連續八個多月的闖蕩，這對先生又高又胖，太太瘦瘦小小的東方小夫妻已在此闖出名號，董姿利笑說，當地的猶太人甚至以為他們兩人打算要在此定居呢。

以誠意、尊重抓穩每一個人脈

　　以誠意、尊重所建立、經營的每一條人脈，才是毫無背景兩人得以成功經營QUEEN & DADDY的主因。

　　董姿利以佔了品牌百分之五十銷售的珍珠為例，雖然在GIA期間亦曾報名參加為期三天的鑑定課程，但對珍珠的了解，卻是在闖蕩第六街的短短八個月期間，因為和某位珍珠盤商負責倉管的印尼籍媽媽十分投緣，每次前往總會大方地展示最新引進的珍珠，讓她有機會一次遍覽數千顆各種品種的珍珠，透過那段時間的訓練，現在的她，只要透過觸摸幾乎都可清楚判別品種。

　　尤其，GIA的同學幾乎都來自全球知名珠寶世家、品牌，無心探究其背景的他們，反而與這些同學結下不錯的情緣。董姿利記得，沒有銀樓背景的兩人，當年根本無緣參加全球最重要的珠寶

展——美國拉斯維加斯Sands Expo & Convention Center舉辦的
JCK珠寶展，因爲主辦單位爲了保障交易安全，嚴格規定參觀者也
需具備銀樓的名片與店景照片爲證。還好王景林珠寶設計班的一位
同學大力襄助，主動以自家銀樓名號爲兩人印製名片，才得以一窺
這個全球最具規模的珠寶展。

　　JCK珠寶展不僅嚴格限制參觀者，參展者更得具備一定的信譽，
還需提出稅務單作爲業績實證。因此，能進去參展的廠商在國際珠
寶市場都具有相當的規模，董姿利不諱言，也因爲有這樣的機會，
才得以讓過往無緣識得上游盤商的兩人，可以結識重要盤商，並爲
今日的營運奠定良好基礎。

　　除了上游寶石貨源的穩定，攸關珠寶作品質感的金工師傅，董
姿利透露，今日的QUEEN & DADDY能夠打出手工訂製珠寶的口
號，正因透過JCK的展出，認識一位香港的金工盤商，雖然自身亦

擁有銀樓，並承接新加坡知名珠寶品牌
的製作，但因全數手工製造，正巧符合
他們件數少的特性，並可以尋找具有特
色的寶石，而毋須爲節省成本大量開
模，反而得囤積大量相同的寶石。

　　甚至一位台灣的金工師傅，也是兩
人以誠相待，讓這位原本只接大型珠
寶店金工製造的師傅，願意破例接下
QUEEN & DADDY的小小案件。董姿
利笑說，由於這位師傅的作工的確很
細，除非是特別指名的大客戶，否則不
會輕易委交他來製作。

多少投資就有多少收穫

儘管始終經營保守，但董姿利卻體認到，你有多少投資，才會有多少收穫的道理。

例如，在洛杉磯第六街闖蕩時，每每將省下來的錢購買特別的寶石、珍珠，她笑說，當時已覺得很貴，不料，當時適逢SARS，全球景氣遭逢衝擊，珍珠、寶石、鑽石的批發價都應聲下跌，即使限於預算，當年在第六街少量採購的寶石，回來台灣幾乎都小幅增值，為未來品牌拓展提供了相當助益。

二○○三年九月回國，不到一周的時間，有感網購的客戶大多住在台北，為了方便服務，並節省運費開支，兩人迅速決定北上發展。只是，這個決定看似容易，董姿利笑說，一輩子住在台南的她，壓根沒想過台北的生活費如此高昂，一萬元在台南可租到相當好的房子，沒想到在台北卻是處處碰壁。

由於台北沒有任何親友，匆匆北上的兩人只得花錢住旅館，由於預算有限，只得與房仲業者徒步看房子，他們就這麼從吳興街走到信義區，再走至大安區，憑著一股傻勁，足足走了七天，在看遍無數符合預算，卻如同鬼屋般恐怖的房子後，終於在通化街市場裡找到一棟新建大廈內的小豪宅，儘管一見就喜歡，月租卻整整超出預算一倍半。

在苦思一夜後，仍是咬牙承租下來，董姿利回憶，由於初期光是租金、押金就花掉兩人八成的儲蓄，租下後幾乎可說是噩夢的開始，負責管帳的她天天翻存摺，只巴望結餘的數字能多一個零。

由於已沒有太多現金批新貨，當時僅是將過去在美國的存貨拍

照po上網標售，但她坦言，還好決心搬到台北，將賣家所在地由原本的海外改為台北，過往因為單價破萬，加以賣家無法看現貨而滯銷產品，現在台北有居處方便客人看貨，成交量迅速增加三倍，才半年時間，就達到了一定規模，並有能力逐步提高自己設計的珠寶創作。

從網路跨足實體通路

網路的虛擬空間讓交易變得方便，相對地，買家、賣家都有一個隱憂：雙方都擔心遇到壞人。董姿利直說，相較過往網路成交價很難突破萬元關卡，自搬至台北後，客單價即不斷向上攀升。

尤其，網路世界臥虎藏龍，搬至通化街的第二年，兩人就遇見這一生最重要的貴人，一位準備休息一年專心瞎拼的客人。她透露，由於這位客人不僅買遍各大珠寶名牌，熱愛珍珠的她，更是日本珍珠品牌MIKIMOTO的忠實顧客，由於QUEEN & DADDY的價格平實，在名店買一條珍珠項鍊的花費，在這兒往往可以買到一盤珍珠，自然成為品牌的重要客人。

相較以往客層消費力有限，QUEEN & DADDY僅能引進中價等級的珠寶，現在為了滿足這位貴客的獨特需求，董姿利才有機會接觸，並引進更高級的珠寶，進而開拓品牌發展的空間，且更重要的是，透過這位貴客的介紹，引進更多高消費力的客人，更加速品牌規模的擴大。

但行事保守的她坦承，儘管這位貴客很早即建議他們遷移至更大、更體面的通路，他們依然在足足存了一整年的錢後，才「勇敢」地前進當年不敢奢望的信義區開設首間門市，並吸引到更多高

消費的客人，這再次證明，付出多少的投資，才能獲得相等的收穫，兩者之間絕對是相輔相成。

付現爭取更大折價空間

正因他們願意投資，董姿利坦白地說，從早期在美國沒有能力開支票，只得採取現金交易，但現在來往的盤商都知道，只要貨色夠好，立刻付現毫不殺價。

對此，她的解釋是，由於開立支票，盤商無法立刻拿到現金，為減低利息損失往往會相對提高價格，既然銷售時也不讓客人殺價，何不各取合理利潤。事實上，也正因QUEEN & DADDY付款大方，加以透過第六街與JCK珠寶展認識相當多大盤商，往往可以拿到很好的價錢，相對亦可讓價格更趨合理。

成功策略

將賣家所在地從海外改為台北，並在高級商圈設立實體店面，方便客人看貨，成交量因此迅速增加三倍，才半年時間，就達到了一定規模。

甚至為掌握最好品質的珠寶等級，董姿利不諱言，所有販售的鑽石，一定擁有GIA的證書認證；而珍珠，往往也是與GOLAY、田崎等國際知名盤商交易，即使單價略高，卻不用擔心真偽或染色等造假情況產生。

分工明確，發揮最大成效

依照個性、喜好明確分工，或許也正是QUEEN & DADDY成功的重要關鍵。

　　相較傳統「男主外，女主內」的分工模式，董姿利與王景林卻是恰恰相反。由於王景林一直以來鍾情珠寶設計，因此，從過往網購時代就專責於挑貨、選貨的工作，負責家務的董姿利自然就是跟在身後付錢、數錢的那人。

　　時至今日，掛名藝術總監的王景林除了設計、審稿外，更負責公司大方向的規劃；而考量QUEEN & DADDY的客人多數是女性，掛名總經理的女主人，自然得一肩挑起外場銷售工作，偶爾還得兼當網購客人的筆友。

　　而網拍時代即專責的帳務工作，更是她每天最重要的工作內容，由於並非專業會計出身，董姿利只得採取最笨的方法：從記流水帳開始，土法鍊鋼一步步完成帳務的管理，但她表示，這花了自己相當多的時間，隨著業務不斷成長，這方面的管理已逐漸無法負擔。

　　儘管一主內、一主外，但董姿利說，現在的她也會開始參考商品

設計，基本上仍會尊重王景林的意見，僅偶爾基於整體的成本與銷售考量，也會適時阻止王景林創作太多不適合東方女性佩戴的大件作品，甚至偶爾主動出擊，要求他為QUEEN & DADDY的女性顧客設計以蝴蝶結、小花為題的小巧作品。

尤其，王景林抱持著積極做大的信念，而董姿利卻是保守經營，她透露，對於未來發展才剛歷經一番爭執，並於日前達成共識：以精緻為發展首要目標，並挑戰更高深的工藝，提供更特別且高品質的寶石，至於規模大小？則視未來發展而定。

行事保守的董姿利分析，品牌做大勢必要增加行銷費用，但行銷不僅花費大，卻未必獲得相同的效果，與其如此，不如投資好的寶石，等待有緣客人的青睞，畢竟，QUEEN & DADDY一路走來是靠口碑才有今日的成就。（文／張曉苔　攝影／王國宇）

創業一點訣

1 熱情

若沒有熱情，是很難繼續努力下去。以她為例，時至今日每每看到美麗的寶石原礦還是很興奮，且往往超過切磨之後的寶石本身。也正因喜歡，訂價才會更加「合理」，且幾乎把所賺得的錢都投資在寶石上。

2 專業知識

要從事珠寶業，門檻正是專業知識。董姿利回想，一路走來的過程中，唯一一次被騙的經驗，正是赴GIA進修之前，向經常往來的大盤商購買亞歷山大變石，由於稀有，在校期間根本未曾見過實品，直至赴GIA研讀後才發現極可能受騙，趕緊聯絡當年的買家寄回鑑定，並在確認是偽品後回收。幸好遇到的是一位好客人，如果她在網路四處散佈買到假貨的訊息，那對品牌的損傷可想而知。

3 網路與實體通路的相輔相成

對沒有任何銀樓專業背景的QUEEN & DADDY而言，網路的確為他們打開一條實現夢想的通路。只是，網路的優點，同時也是它的缺點，網路的交易快速，相對門檻低，若不結合實體通路，高單價單品根本賣不掉，更遑論品牌的擴大經營。

4 相互忍讓

初期創業由於預算有限，往往是情侶、夫婦或好友合作經營，感情好固然容易合作，但相處上反而要更加相互忍讓，畢竟，彼此都是彼此的老闆，更要及早找到合作的最佳模式。

董姿利透露，自回台灣以來，的確曾因工作壓力過大，影響生活品質，進而為一點小事而起爭執，甚至公事、家事和在一起吵。及至家中養貓分散注意力，加以公司新聘二位助理，為免讓助理難堪，兩人只得適時忍讓。唯有EQ提高了，彼此才更容易找出共識。

陳春稻

零售女王

店名：春稻藝術坊、春稻黃金竹炭
創業內容：茶、陶藝品
創業金：0元（錢都是借來的）
創業資歷：20年

誠意加口才，也能做無本生意

人人說她是天生做生意的料，但如果不是懂得正直對待客人，得到周遭人的好評，她怎麼可能一夜之間，就從專櫃小姐變成了老闆呢。

　　出身澎湖偏僻小漁村，陳春稻二十歲那一年，隻身來台打天下，為了改善家計，她賣力工作，做過保齡球計分員、櫃檯、店員、推銷員，不管什麼差事，她都積極投入，並像海綿一樣不斷吸收各種養分。如今，她是藝術坊老闆，事業版圖從茶、陶、中國服，跨足到竹炭製品，全台並有十多個百貨專櫃門市。當年青澀的澎湖小姑娘，已經搖身一變成為知名的商場女強人。

　　在全省新光三越、高雄大統百貨都有設櫃，台中也有多處門市的春稻藝術坊，在台灣百貨界小有名氣。很多人不曉得，給人幹練、很會做生意的陳春稻，從「無本生意」做起，憑著口才、誠懇態度以及認真學習精神，奠定日後的春稻「基業」。

　　事實上，陳春稻的成功創業，和她個人成長背景、豐富打工經驗、不屈不撓人生觀以及面對問題的積極態度，都有直接關係。懂得如何順勢而為、全力以赴，也使她的人生、事業發展有了戲劇化的轉變。

漁家女不認命，拚命想升學

　　五十五年次的陳春稻，出生澎湖縣西嶼鄉大池村，那是一個極為偏僻、貧窮、民風保守的小漁村。陳春稻在五個兄弟姊妹中排行老三，也是家中長女，在重男輕女的那個年代，生長在貧困家庭的女兒，注定要成為家中的犧牲品。

　　由於父親是靠天吃飯的「討海人」，生活沒有保障，加上家中張口吃飯的孩子太多，陳春稻國中畢業之後，被迫輟學到馬公一家診所幫忙。當時，小小年紀的陳春稻，非常羨慕可以升學的孩子，因為她知道，一個國中畢業、沒有家世背景可以依靠的漁家女，根本沒有功成名就的機會。

　　在診所打工的日子，陳春稻每天坐在櫃檯前，看到年紀相仿的學生，背著書包從門口經過，甚至會羨慕到掉眼淚。她不怪貧窮的父母，也不怨天尤人，深信自己的命運，掌握在自己手上。為了改善家計，小春稻非常節省，扣掉交通費用，每個月的薪水，幾乎全數交給媽媽，乖巧懂事得令人心疼。

　　然而，繼續升學是她的理想，為了一圓高中夢，陳春稻有空就抱著書本猛K，由於診所打烊時間很晚，只能利用三更半夜「開夜車」，另一方面，則極力說服父母讓她讀高中。

　　一年後，陳春稻未如願考取馬公高中，只達備取標準。學校開學後，陳家遲遲沒有接到入學通知。迫切想要重返校園的陳春稻，由於太想念書，最後，鼓足勇氣打電話到註冊組，強烈表達小女孩想要升學的願望。

　　結果，接電話的小姐，被漁村小女孩的誠心感動，立刻讓她補註冊。陳春稻終於如願穿上高中制服，告別「悲傷小護士」的生活，

重新「活」了過來。

「小春稻」的這項驚人之舉，對日後「大春稻」的為人處事，有著十分深遠的影響。從今以後，陳春稻領悟到，如果一件事情思索很久，而且認為是對的，就不要輕言放棄，輕易向命運低頭認輸，反而更應該主動積極爭取，否則，永遠沒有成功翻身的機會。

專櫃小姐變老闆，意外創業

高中畢業後，陳春稻跨海來到台北投靠大哥，起先在一家日本料理店的櫃檯工作，一年後，由於廚師的猛烈追求、示愛，嚇壞了澎湖小姑娘，陳春稻被迫「逃」到南部。

在南台灣的三年期間，陳春稻吃過不少「頭路」，除了倉管、餐廳會計、櫃檯、小兒科護士、電話推銷員、保齡球計分員的工作之外，晚上還到期貨公司兼差。

失敗經驗

第一年就做出千萬業績，卻在第二年無預警被撤櫃，只因為遲遲不肯向樓管「進貢」，才付出如此慘痛代價。

陳春稻認為，再卑微的工作，都不要小看它，只要用心學習就有收穫。例如保齡球的計分工作，讓她觀察到形形色色的客人，並從他們聊天過程當中，長了不少見識；電話行銷的工作，使她學習如何在最短時間內，和陌生人「搭上線」，並把握機會說服對方接受公司產品。

直到二十三歲那年，一個偶然機會，讓陳春稻意外當上老闆，從此走上創業之路，而且一路走來少有顛簸。

說起來，陳春稻的人生轉折，帶有幾分戲劇性。在台南擔任倉管工作期間，她結識一名中部茶商，由於對方門市需要人手，又前往台中工作。後來，老闆在龍心百貨設櫃，她奉派前往站櫃，沒想到，作了沒多久，老闆有意結束百貨公司生意，當時的「二房東」，鼓勵陳春稻繼續分租經營，還借錢給她進貨，陳春稻萬萬想不到，一夜之間，就從專櫃小姐變成了老闆。

不過，由於資金相當有限，根本撐不起一個店，於是她一一說服廠商，以月結、寄賣方式合作。靠著她的誠意和三寸不爛之舌，陳春稻的「無本生意」，竟然做得有聲有色。

天生的生意頭腦，處處發現商機

絕佳的生意頭腦，時時留意身邊商機，是陳春稻生意愈作愈大的原因。剛開始當老闆時，為了讓櫃位看起來比較有「氣質」，她在櫃上擺了幾件陶藝品作裝飾，意想不到的是，不過半個月功夫，一口氣全部賣光光。

於是，她四處拜訪陌生的陶藝家，說服他們寄

賣，起先，沒有多少陶藝家願意，由於陳春稻很會賣東西，口碑傳開之後，全省各地的陶藝家，都主動來配合。當時中部的傳統茶葉店，只有陳春稻和陶藝作結合，算是首開風氣之先。

值得一提的是，眼光獨到、擅長做生意的陳春稻，不只腦袋靈光，手也很靈巧。喜歡拿茶碗泡茶的陳春稻，基於工作可以忙碌、生活力求簡單的道理，靈機一動，在改良傳統茶壺泡茶缺點時，想出增加杯沿厚度、弧度，多設計一個出水口的新式蓋杯，推廣台灣烏龍茶新泡法，讓不懂泡茶的人，也可以變成泡茶高手。這項小發明，讓茶具變得簡約有質感，也更適合忙碌現代人使用。

另外，傳統茶盤只有單一功能，茶具擺在上面很容易打破，基於人性考量，她設計、開發出攜帶性的茶盤，本身可以當收納盒，又可以視喝茶人數多寡作變化。還有，將茶盤和陶碗結合更是一絕，消費者可以根據個人需要、喜好，用來泡茶、插花、養魚或當水果盤、置物器皿使用，讓茶器發揮最大的作用。

陳春稻的生意愈做愈大，員工愈僱愈多，當公司達到相當規模時，也開始講求企業形象。原本只是想讓專櫃小姐有統一的制服，但嫌傳統中國服穿起來太「老氣」，就找專人來設計，並順便利用百貨公司特賣會檔期投石問路，沒想到，十二天，陳春稻就把設計師一年產量的衣服，全部賣光了。

眼看改良式中國服的商機不小，除了聘請設計師之外，陳春稻也拿起剪刀，深入研究裁縫、車工和布料。由於聰明、肯學，很快就「出師」。懂得顧客需求的陳春稻，保留傳統中國服精神，並巧妙運用現代流行元素，結合特殊布料，大大增加它的實用性和獨特性，更創立自有品牌「稻香」服飾，正式跨足中國服市場。

至於二○○六年開始經營台灣竹炭製品，則源自於她的「未老先衰」，因而發現背後龐大的商機。原來，陳春稻邁入「一枝花」年齡之際，開始出現膝關節退化、痠痛毛病，看醫生吃藥都不見明顯改善。

她聽從朋友建議，買了日本進口標榜遠紅外線、負離子的護膝產品，用了覺得效果不錯，可是東西賣得很貴。後來，無意間用了台灣製造的竹炭護膝，效果一點都不輸給日本貨，價格則便宜了一大截。

於是，陳春稻說服作出口生意的台灣製造商，為她生產各式各樣的竹炭製品，開始做起台灣黃金竹炭的生意，並在極短時間內，成功打進百貨通路。

誠實做生意，絕不賺黑心錢

事實上，陳春稻雖然腦筋動得很快，也很愛賺錢，但絕不賺「黑心錢」。堅持不賣假貨和瑕疵品，是她做生意的基本原則，也是永續經營之道。

陳春稻不諱言，很多消費者分辨不出茶葉的好壞，過去，曾有人拿低價的越南茶，要她冒充台灣茶出售，雖然利潤相差三倍，為了對得起良心，還是堅持不賣。

她還記得，在名家壺大為風行之際，上午開開心心賣了一把十五萬元的大陸名家壺，錢還來不及存銀行，晚上，客人就拿著壺上門退貨。這次經驗告訴她，源頭的掌握非常重要，而且真假難辨、本身無法確定來源的東西，就不能拿來販售，以免砸了自己的招牌。

很多人覺得陳春稻是做生意的好料，只要她待在門市或專櫃，

客人買東西的機會一定大增。陳
春稻深信「東西自己會說話」，
她的「待客之道」，除了察言觀
色、將心比心之外，就是只賣自
己喜歡、內行的好東西，這樣才
會賣得理直氣壯，客人也可以感
受她的專業和誠意。

　　舉例來說，泡起茶來架式十足
的陳春稻，經常在店內邀請陪另
一半逛街的男士，坐下來喝茶、
聊天，完全不推銷茶葉。如此一
來，女顧客吃了「定心丸」，沒
有後顧之憂，才有更充裕時間看東西、發現更多的「寶物」。

　　若是客人想試茶，陳春稻更是毫不吝嗇，只要對方想喝，名貴
的高山茶也照樣上桌。通常第一泡茶才喝第一杯，如果客人表情
不對，就立刻倒掉換茶，一直換到顧客喜歡、滿意為止。最後，
就算對方半兩茶葉也沒買，她也不生氣。

　　陳春稻做生意奉行「慢慢來」準則，絕不操之過急，這次沒賺
到錢，只要服務令對方滿意，下次客人肯定還有機會再上門，所
以她嚴格規定專櫃、門市小姐，即使業績再不好，都不可以採取
緊迫盯人的態度，只要微笑向客人問好、在旁待命即可。

　　實事求是的陳春稻，為了賣陶藝家花器，還特別去學插花，不
過，陳春稻在乎的不是流派、藝術表現技法，而是研究配色、什
麼形狀的花器比較實用？適合哪一種花材？

　　有了實際的插花經驗，她悟出主從之分的道理，並以重色系花

器的販售為主，因為深色的花器，比較適合人文花藝，更符合一般家庭「簡約之美」的需求。此外，她特別要求陶藝家，根據花材種類、插花數量多寡量身設計，而非天馬行空的創作陶。融入陳春稻的實用「觀點」之後，陶藝家新推出的生活花器，果然大受市場歡迎。

有趣的是，沒有明星臉、也欠缺模特兒身材的陳春稻，卻是最佳的服飾「代言人」，平時她身上穿的、戴的，幾乎全都是自家的東西。

由於自然散發出的高度自信，經常帶動店內相關商品的買氣，更讓陳春稻很有成就感的是，連逛街時，都有陌生人讚美她，身上的行頭好漂亮，並向她打聽在哪裡可以買得到！

捨得給高薪，員工向心力很強

陳春稻對員工的要求十分嚴格，也很慷慨，除了要求專櫃小姐必須具備基本茶藝、花藝、陶藝以及竹炭的相關常識之外，每一季都會要求第一線的門市小姐，回台中總公司試穿新衣服，並進行創意組合比賽。藉此，提升個人的審美觀念，並達到觀摩、培養創意搭配技巧的目的，以備不時之需。

由於自己是「過來人」，陳春稻對人事管理相當重視，每開一家新店時，她至少會去「磨」兩個月，一方面認識、瞭解新進小姐的習性、銷售技巧，不斷加以修正，並幫助新店快速進入狀況，直到可以電話遙控為止。

正因為是基層出身，自己也「苦」過來，陳春稻盡可能善待員工，把他們當成自己的親友一樣看待。所以，付給專櫃、門市小姐的底薪，比一般行情高出一大截，抽成也比別人高。

陳春稻不諱言，支出的薪水比較高，可以挑選素質高、能力好的小姐，員工流動率也會降低，這對公司的營運絕對有正面幫助。除此之外，這個精力充沛的女老闆，連專櫃、門市小姐的私事也要「插一手」。

有時候，已經準備要就寢睡覺了，陳春稻還得幫員工調解婆媳問題，或當她們夫妻吵架後的和事佬。遇到員工家中經濟出現狀況時，她也會緊急支援。因為陳春稻相信，如果小姐的私事沒有處理好，就沒有心思放在工作上，更不能開開心心、用笑臉來面對顧客，那是誰的損失？

陳春稻古道熱腸的「俠女」性格，充分反映她對待員工的方式，所以，春稻藝術坊的資深專櫃小姐特別多，向心力也特別

強，有人一跟就是十多年。

整體說起來，陳春稻的創業，還算是平順的。不過，有一件事，對她日後的經營方式，產生相當深遠的影響。原來，在創業的前三年，陳春稻有幸到一家大型的百貨公司設櫃，善於和客人打交道的她，第一年，就以不到八坪大的專櫃，躋身為百貨公司的千萬廠商，堪稱同一樓層的「明星櫃」，也讓同行羨煞不已。

沒想到，意氣風發的陳春稻，第二年竟然在沒有預警的情況下，遭到撤櫃命運，反而那些年度營業額不及她一半的專櫃，都留了下來。弄了半天，陳春稻才搞懂是怎麼回事，因為只會規規矩矩做生意的她，遲遲不肯向樓管「進貢」，才會付出慘痛的代價。

從此，陳春稻堅定一個原則，需要搞「外交」的賣場，人潮再多、生意再好做，她都不去設櫃，因為，「人治」的變數太大，她做得不快樂，賺得也不開心。否則，以陳春稻的能力，她的事業版圖，絕不止於目前的規模。

女主外男主內，一度婚姻亮起紅燈

和很多「女強人」一樣，熱中工作的陳春稻，結了婚之後，因為和另一半的想法不同、默契不足，也一度面臨婚姻、家庭上的問題，事業並因此停頓了兩、三年。

三十歲那一年，陳春稻在家人安排下，嫁給在銀行上班的羅正欣，由於老公的工作地點在新竹，她說服另一半，放棄六、七萬元的月薪，來台中和她一起打拚。羅正欣看老婆工作很辛苦，接受對方提議，從烘茶的「小工」開始做起。

婚後，這對新婚夫妻力行「男主內、女主外」，水瓶座O型、帶

點大女人性格的陳春稻，經常在外奔波，一個月足足有一半時間在外地；雙子座O型、也是男性「沙文主義」的羅正欣，則負責在台中看店、烘茶以及照顧小孩。

已過不惑之年的羅正欣，從金融業跨入完全陌生的製茶領域，加上指導「教練」經常不在身邊，只能一個人暗自摸索。偏偏陳春稻作起生意六親不認，有一次，在外地巡店泡茶時，發現新茶的火候不夠、口感稍差，竟然來個全省大退貨，一、二百斤的茶葉，硬是要老公全部拆封、重新烘焙，直到滿意為止。

成功策略

說服外銷廠商或藝術家，以實用為路線，成功打造市場的利基。同時還堅持不賣假貨和瑕疵品，這是做生意的基本原則，也是永續經營之道。

陳春稻除了經常找老公的「碴」之外，兩個人也常為一些瑣碎的事情起爭執，舉凡進貨、商品開發、財務、員工管理以及小孩教養問題等等，各持己見的雙方，都可以吵個沒完沒了。

大女人槓上了大男人，家中經常處於「火線交鋒」狀態，陳春稻的事業，也因夫妻之間的「內耗」、摩擦不斷，陷入瓶頸，小倆口的日子不好過，也苦了孩子。

有一天，羅正欣語重心長地告訴陳春稻：「我的脾氣壞，妳的個性也不怎麼好，我們一起改吧！」陳春稻想一想，畢竟男女有別，女人如果事業成功，婚姻、家庭卻破碎，社會的觀感絕對不一樣。

從此，陳春稻在老公面前不再「理直氣壯」，羅正欣也不再動不動和老婆唱反調，並以做學問的精神去烘茶，十多年下來，羅正欣已成為製茶專家，烘茶的技術早就超越老婆。

　　另一方面，陳春稻深刻體認，再怎麼幹練的女性，都要留一點情面給男人，因為，男性的自尊其實是很脆弱的。遇到雙方意見僵持不下時，適時的退讓或轉個彎、換個方式說話，很多問題都可以迎刃而解。家庭和諧之後，陳春稻的生意也愈做愈大，正所謂家和萬事興。

　　和老公的關係漸入佳境，陳春稻靠著茶、陶、中國服，在二〇〇七年，已經順利攻佔全省各大百貨公司，台中的門市、旗艦店，也擴充到四家，黃金竹炭製品的生意，更有後來居上之勢。

　　二十年之間，陳春稻從一個沒有見過世面的澎湖少女，蛻變成為事業成功的女強人，在於她肯學，懂得什麼應該堅持、什麼不該堅持，而且，遇到困難時，總是勇敢面對、積極去解決問題。

（文、圖／林中偉）

創業一點訣

1　不做個人沒有把握、外行的生意。

2　眼光放遠，不要給客人壓力，服務讓客人滿意，就算今天不買，以後有機會一定會上門。

3　誠心付出關懷，把工作伙伴，當成「自己人」，經常傾聽基層的聲音，才能留住人才。

4　遇到困難絕不輕言放棄，積極應變，相信每越過難關一次，「幸福」就會越多。

5　不斷學習新事物、充實專業知識，隨時保持危機意識。

6　把生意場所當成表演舞台，每一次都當成自己的「代表作」。

7　唯有家庭幸福和樂，工作才能全心投入。

8　不論是工作伙伴或顧客，永遠有值得學習、借鏡的地方，要虛心對待。

9　「貴人」通常不會天上掉下來，要靠平時的信用和誠意，慢慢累積得來。

10　對的事情，經過深思熟慮之後，就要身體力行、全力以赴。

家事女神　張雅惠

店名：桃媽媽家事管理
創業內容：家事管理
創業金：300萬元
創業資歷：6年

提供幸福感，家事管理闖出一片天

家事管理的經營和基金會角色扮演問題一直懸在腦中，她分析了營利機構和非營利機構角色上的差別，最後，決定離開非營利機構，以公司化制度來推動家事管理工作。

　　如果，下了班回家不用做家事，是不是親子之間可以有更多時間的相處？少了嘮叨的女主人，夫妻間情趣是不是加溫不少！如果，只要一通電話，就能讓妳像童話故事裡的仙度瑞拉，擺脫掃把、拖把、水桶和鍋鏟，廚房的油煙和杯盤，全都有專人幫妳搞定，還妳一個有條不紊的居家空間，會不會讓妳很心動？

　　的確，愈來愈多的女性，在職場上呼風喚雨，回到家，面對亂無章法的家事問題卻一籌莫展，家事成了現代許多婦女壓力最主要的來源！許多統計數據顯示，如果少了家事負擔，女人的幸福感便提升不少。

　　就是這麼一個「想讓幸福感UP　UP」的起心動念，讓張雅惠毅然決然成立「桃媽媽家事管理」，從二〇〇一年七月創立至今，每月營業額已然突破二百萬，加盟店分佈北中南，所有的營運都在穩定中繼續成長著。

社工經驗，發現創業市場

創業之前，張雅惠大部分的工作經驗和非營利事業機構有關，大學畢業，她曾在勵馨基金會的中途之家待過，和中途之家的少女一同生活了一段時間，照顧她們的生活起居，那次的工作經驗，使她近距離地發現，社會上弱勢的族群是那麼辛苦地生存著。後來，當了二年的立法委員法案助理之後，轉任彭婉如文教基金會執行長，在基金會五年時間，接觸了家事服務相關工作，成為她後來創業的轉機。

基金會站在社會福利的角色，為政府代為訓練生活困難的婦女，習得一技之長並媒介工作機會。但當時張雅惠就思考著，家事服務這塊領域是有內需市場的產業，若是有市場，那麼，是不是需要由社會福利機構來做？

一九九九年的九二一大地震後，身為執行長的張雅惠為了基金會的募款工作，在災區住了半年，那段時間，家事管理的經營和基金會角色扮演問題一直懸在腦中，她分析了營利機構和非營利機構角色上的差別，一方面，基金會推動社會福利，訓練無一技之長而有工作需求的婦女，另一方面扮演仲介角色，有需求的人找上基金會，基金會轉介工作給接受過培訓的家事服務員，但是對家事服務員來說，是沒有任何工作保障的，而客戶若與服務員之間發生任何糾紛也可能求訴無門，因為基金會的角色在仲介，但不負擔責任；然而，若以公司型態來經營，將家事服務員納入公司體制內，有勞健保，客戶交涉的對象是公司而非個人，對客戶來說更是一層保障。張雅惠認為，家事管理這塊領域，由商業團體來經營會更好，最後，她決定離開非營利機構，以公司化制度來推動家事管理工作。

　　張雅惠笑說，想要創業，除了興趣之外，想想自己對於婦女就業和家事管理領域的瞭解，還因為胸中燃起一股「非你做不可」的使命感！家裡的姊姊們不是公務員就是老師，都是安安穩穩的薪水階級，自己卻像是「離經叛道」般地一股腦兒創業，她形容，「體內就是會有一種衝動流竄，想抗拒都抗拒不了的衝動！」

　　她深信，每個創業的人都曾經有過那樣的感覺。不過，決定要創業，獅子座的她就變得十分理性，「過去像是在玩別人的錢，創業玩的可是自己的錢」，她說，許多年輕人想創業，說好聽一點是實現理想，可是，千萬別只為了快樂去做，務實，才是做生意的態度。」

首創家事管理員納入公司體制，確保服務品質

曾在義大利、比利時等歐洲國家待過一段時間，觀察當地的家事管理市場，「家事管理工作仍是以派遣居多。」這樣的情形，國內亦然，傳統的家事管理公司還是定位在居中仲介的角色，以派遣的型態去服務顧客需求。不過，對家事人力市場瞭解甚深的張雅惠，下定決心，要做就做不一樣的！她辦理了青年創業貸款六十萬、賣了股票，加上媽媽贊助的一些錢，湊足三百多萬創立了「桃媽媽家事管理」，不同其他家事清潔公司的管理方式，她捨棄派遣、鐘點形式的聘僱模式，也不引進低價外勞，堅持採用台灣勞工，提供本國婦女就業機會，更讓每位精挑細選的家管員都成為公司的正式

員工，享有勞、健保和一切福利，她相信堅持是對的，不採仲介模式，才能更有效地掌控品質，也才是真正對管理員本身及客戶的保障。

廣告打響知名度

張雅惠認為，開拓市場通路的捷徑無疑就是利用廣告行銷，先打開知名度後，再把握每次的服務品質做口碑，穩定後才是藉

由口耳相傳達到細水長流的經營之道。於是，爲了讓「桃媽媽家事管理」品牌在短時間內深植人心，她不惜砸重金在台北東區精華地段成立公司，也花鉅資做廣告，包括網路、平面媒體等，初期光是廣告費用就高達二十萬元，果然很快地打響知名度，許多客戶陸續上門，但是砸重金持續了半年，加上家事管理員的勞、健保、薪資，龐大支出卻也讓張雅惠喘不過氣來，所有的消費斤斤計較，能刷卡的儘量刷卡，避免現金支出，過著「眼睛一睜開又想到要上哪兒籌錢」的日子。

人要有爲，也要有守

那時，張雅惠曾陷入是否找人合資掙扎。創業時，張雅惠比大多數人都來得幸運，親朋好友幾乎百分之百支持，當她面臨進退兩難處境時，一位長輩得知狀況，語重心長地問她：「想要自己賺錢自己有權決定一切，還是乾脆嫁入豪門伸手看臉色過日子，可是要做什麼都得跟人商量、等人答應？」一語道破獨資和合資的差別，讓張雅惠下定決心靠自己的力量撐下去。

不知是否和社工背景的訓練有關，總是感覺快要撐不下去時，張雅惠腦海裡也會出現一連串的自我推翻後重建的過程，「你爲什麼要活著？你死了會怎麼樣？你以爲不想活了有那麼容易嗎？」她分享這痛苦掙扎後的領悟，「一個產業就像一個生命體般，你創造了它也許容易，也許只是當下一個決定，當它存在後，想要結束它也變得不是那麼容易的事情。」張雅惠笑言，許多人創業撐不下去時，總以爲結束就能一了百了，其實不然，要結束一個企業可不簡單，得結算結清員工薪資、得好好處理和客

戶和廠商解約問題⋯⋯，想到這些，竟讓她又從沮喪中奮起，寧可繼續放手一搏也不輕言結束。

有了全力以赴的想法，就容易生出靈感，張雅惠想出了「讓顧客一起當股東」的模式，推行預繳六萬元就可享有更多優惠服務的方式，讓預繳費用來支應燃眉之急，終於，讓她度過了資金調度的危機，創業至今，張雅惠很自豪地表示，不管再怎麼苦，從來沒有delay過員工的薪資！

的確，人說創業維艱，「桃媽媽家事管理」成立六年多來，遭遇的困難不計其數，但如今要她回想，一切難處卻宛如雲淡風輕，似乎沒有什麼是真正可以難倒的，好強如她，很少在外人面前掉淚，她自己形容這個死脾氣：「成就了事業，也壞了事情！」剛烈個性讓她面對困難不輕易退縮，卻也讓她在人際溝通上變成不留情面的冷酷鐵面，不過，私底下的她其實是刀子嘴、豆腐心，一回過頭，她也曾因為員工離職、公司大小事不順利等問題煩心不已，忍不住向母親哭訴，但是母親卻始終對她說：「做這已經比一般人吃頭路卡好啊，員工若走不要緊，就自己做啊，有什麼做不來的。」這來自母親的支持，給了她無畏的勇氣。

跑步、爬山、旅行，鍛鍊毅力，學習和孤獨為伍

來自背後母親強大的後盾，加上自己無比堅毅的毅力，讓獨資的「桃媽媽家事管理」撐過六年。創業的人需要強大的毅力，而跑步和旅行則是張雅惠鍛鍊毅力的方式。

許多事業卓越有成的企業家喜歡跑步，一位建築業影響力舉足輕重的企業家曾經那麼說，跑步的時候思路最單純、清晰，許多

重大決策，都是在跑步當時決定的。雖然不在跑步的時候做決策，不過張雅惠有同感，「身體是最可以感受的」，只要得空，她就會到居家附近的大學跑步，一口氣跑八、九圈，「跑的過程，可以跑慢，但絕對不能停，一停一休息，效果就中斷了。」她也喜歡爬山，小如大屯山、高聳如雪山，都曾被她的雙腳征服，她說，爬山和跑步最大的不同，在於跑步是一個循環過程，而爬山則是有明確的目標，就是要登頂，所以更具有激勵的力量，尤其是在攻頂剎那的成就感，是無可比擬的。

成功策略

觀察市場變化，隨時調整方向，從單純清潔到衣物清潔、代為購物、接送及陪伴四－十二歲學齡兒童，以及膳食服務，固守本業，謹慎開放加盟。

　　一個人旅行，則是持續了好久的習慣。許多人問她，會創業是不是因為愛冒險？但她不知道自己究竟愛不愛冒險，只知道，

常在冒險中很痛苦，平安脫險後又改不掉出走的癮。不跟團、不求旅伴，足跡遍布各洲，印象最深刻是一次隻身旅行，在義大利遇扒手丟掉了整個背包，衣物、電腦、相機全丟了，全身上下只剩一襲穿在身上的衣裳，當下，她沒有慌亂了腳步，而是盡其所能好不容易聯絡到朋友的姊姊，又輾轉和台北辦事處取得聯繫，由於必須等候班機，在辦事處的協助下，她在一家修道院住了一個禮拜。修道院裡，只提供一塊肥皂，張雅惠就省著用那塊肥皂洗澡、洗衣服，她很得意地說：「一個禮拜後，那塊肥皂還有剩。」台北辦事處資助她十張公車票和五十塊歐元，白天，她就坐公車到處晃，走得到的地方就用雙腳。那次的旅行讓她有深刻的體悟，原來，生活中許多東西都是不必要的，拋棄一切之後，人的生活可以過得那麼簡單，這麼簡單，也是可以過下去。

另一次則是在日本，在看完小說家川端康成名作「伊豆的舞孃」後，揹起行囊，按圖索驥隻身前往小說裡頭描寫的村落旅行，沿途不斷地採買當地紀念品，沒料到小村落裡竟然沒有任何提款機，而身上僅剩足夠搭公車到下一村落的票錢。該停留原地尋找協助以防萬一還是就賭注般坐到下一村落再看情況？如果是你，會如何抉擇？張雅惠不假思索地投錢上了車，到了下一村莊，果然讓她找到提款機。「如果下一村莊沒有提款機呢？」張雅惠笑說，她沒想過這個問題。

張雅惠曾說，沒有人喜歡孤獨，但創業是孤獨的過程，所以創業者要有忍受孤獨的心理準備，也要有獨自面對問題的勇敢。就像旅行的時候，沒有人可以明確地跟你說，下一站有沒有你想要的東西，是不是能遇到？

兩次旅遊、面對意外的經驗，對照張雅惠的創業歷程，突破困

境後的美好，桃媽媽家事管理的成功，好像變成理所當然了。

固守本業，不輕言轉投資

二〇〇一年七月創立桃媽媽家事管理，靠著毅力撐過資金緊縮、員工背叛離職等低潮，桃媽媽的營運已上軌道，服務內容也不斷地追求創新。剛開始成立桃媽媽時，主要是到宅清潔為主，不過張雅惠一直在觀察市場變化並調整整個營業方向與腳步，發現現代的職業婦女對家事管理的迫切需要，從單純的清潔轉變成托育和購物需求，「許多媽媽無法在孩子上下課時蹺班接送，孩子回家也得不到妥善照顧，有時要買東西卻也抽不出空。」有需求就有市場，張雅惠於是將服務的內容推而廣之，加入衣物清潔、代為購物等，還包括接送及陪伴四－十二歲學齡兒童，以及膳食服務，讓家長不用擔心小孩放學後的去處及晚餐處理，除了分憂解勞，這樣的服務還可以協助孩童建立良好的生活常規。

果然，服務推出後大受歡迎，張雅惠笑說，許多職業婦女不會下廚，平日小倆口都外食解決三餐，但是一遇到公婆來台北，就馬上偷偷call out炊事服務，還囑咐千萬不可洩漏秘密；也有不少婦女平日疏於打掃，待先生要從國外回來，緊急通知家事管理服務，要趕在先生回來前，回復煥然一新的家。

會員數不斷擴充，品牌也做得有聲有色，許多人建議她不妨再把市場做大，加入托嬰、老人照護等業務，但對此，張雅惠反而保守起來，「我看過太多人的故事，本業做得很成功，轉投資卻失敗。」張雅惠說，市場不是像魔術師一般，手指頭一「噹」就變出來了，也不是一個人發下豪語就可以實現。

經過仔細評估，她以為，三歲以下的托嬰和老人照顧的服務定義上比較傾向於社會服務，老人照護的市場尚不明顯，而托嬰市場卻已趨向飽和，另外，加上照護工作需要相關執照，培訓不易，風險和利潤不成比例，因此暫不考慮，現階段她還是希望按部就班，目前最大的任務，是如何讓現階段服務提供更為精緻以及繼續加盟計畫。

開放加盟，串連服務網

雖然有人對家事管理的市場是否夠大持保留態度，但是她有不同見解，「像近期勞委會所關注的外籍勞工以看護工名義來台，實際上卻是被大多數雇主聘僱來幫傭，足見台灣對於家事管理的內需量相當大，而除非台灣沒有人要做幫傭了，否則，這個內需的產業就不該引進外籍勞工。」由桃媽媽現階段每個月的業績來評斷，她也有充分的理由相信，這市場尚未飽和，潛力依然無窮，而且，即便有朝一日達到飽和，服務內容的創新、品質的精

緻度仍有無限提升的空間。

目前除了台北總店，在桃園、台中、台南和高雄也都有加盟據點，台北東區因應業務成長快速也即將再開一家，張雅惠表示，由於資料庫內容非常完善，因此轉介資料和教育訓練的速度很快，她也承諾在加盟店的服務範圍內絕不另開放加盟，以確保加盟業者業務上的保障。擴展加盟對會員的好處則在於，桃媽媽的入會方式是採一次繳交終身免費，所以不論遷居何處，皆可繼續享受服務；再者，「一人入會，家人免費」，只要家裡一人入會，其他家人無須再提入會申請，就可享有服務的權利，因此，她現在最大的希望，就是加速開發加盟，希望在全省各地成立加盟店，滿足全台串連服務的機制。

證明家事管理商業化，比社會福利做得好

問張雅惠人生什麼最重要，她回答：「幸福很重要」。站在女性的角度來看，「桃媽媽家事管理」的確提供了婦女不少的幸福感！解決了職業婦女家庭、事業蠟燭兩頭燒的困境，幫助不會做家事的年輕女性解決家事難題，也讓許多婦女得以開創事業第二春，她說，桃媽媽之所以能受到大家的肯定，最大的特色就是堅持聘僱三十－六十歲台灣女性勞工。並且採取會員制服務，同時家事管理員均非派遣，而是屬於體制內的正式員工，讓她們納入勞健保，享有福利。再者，開放加盟經營，提供SOP標準作業流程。也是一項創舉。對她個人來說，她很高興自己終於能證明，家事管理商業化會比社會福利做得好。（文／李靜采　攝影／王國宇）

創業一點訣

1　家事管理的投入門檻不高，但首要條件必須清楚家事管理的定義，不只是一般的清潔公司，家事管理員也不是傳統觀念裡的「傭人」，而是提供專業服務的公司及人員，因此，就必須有一套完善完整的訓練計畫和標準作業流程。

2　想創業、欠資金，青年創業貸款的確是不錯的選擇，不過公司賺錢後，建議提早還清貸款，無後顧之憂的狀況下，更能積極去爭取利潤。

3　做好本業，不輕言轉投資。

4　俗諺說：「生意子歹生。」很多人想創業，創業是夢想，真正創業了，就是一連串的數字，資金、營業額…，創業之後，務實比什麼都重要。

5　不是每天只想著如何維持營運，如何擴大營業，而是每天一邊想著繼續的同時，也在心裡想著如何結束善後。因為，善後問題，包括轉手問題遠比繼續營業複雜許多，想清楚，不但是對企業經營負責任的態度，也有助於讓自己更積極去面對解決現況。

6　「瞭解女人的需求」是想要在此領域發揮的女性創業優勢，家事管理工作需要長時間與婆婆媽媽相處，因此創業者本身要對婦女議題有興趣，對於溝通協調要有把握投入比較多的時間和耐心。

施淑宜

店名：文創館
創業內容：生活藝術品
創業金：100萬元
創業資歷：4年

希望未來台灣也出現瑪莎・史都華

感動人心的藝術創作，不該只是放在博物館裡，而是隨時隨地存在人們的生活中。因為這個想法，她一頭栽進文化創意產業裡，運用創新的手法，把畫作變成令人驚嘆的生活藝術品。

　　美學大師蔣勳自大學退休後，一直投注心力於生活美學的推廣，他曾提及一次帶老母親參訪故宮，母親在展覽品前駐足許久，原以為母親在自己的薰陶下也懂得欣賞了，沒想到，年少出身官宦之家的老母親卻是有感而發地說：「這些杯盤，以前你外婆家的餐櫥裡多得是。」一句話讓蔣勳重新反省藝術的定義，從此，他不收藏藝術品，因為體認到，藝術源自於生活，應走入生活，和生活融為一體。

　　和蔣勳同樣的，因著一個「讓藝術更貼近生活」的想法，讓「生意外行人」的施淑宜，一腳跨入了創業領域，成立了文創館。

　　文創館在二〇〇四年五月成立，最初投入金額一百萬，營業額至今維持每月平均十幾萬。三年多來，文創館開發設計了包括畫光魅影燈品二十餘件、門簾五十餘件、皮絨圍巾、琉璃光屏等。品味著文創館每樣產品，會發現，它們都兼具著實用功能和美學主張，以及從中所散發，提升生活質感和幸福情境的味道，而這些嘆為觀止的生活藝術品，都出自於非科班出身的施淑宜之手。

無心插柳，興趣成業

創業之前，施淑宜曾是高中老師、雜誌記者、廣播節目主持人、出版社總編輯，在多樣的角色裡轉換著身分，但她從未動過創業念頭，也毫無創業經驗。後來，因爲婚姻移居加拿大，多年之後，直到恢復一個人的狀態，腦中開始湧現回台念頭。

回到國內，她以過去熟悉的職場爲出發，很幸運地受林口美術館經理之邀，協助美術館經營，這個工作在回國之前即已談妥，等到回到國內，原本談定的工作卻陰錯陽差沒接成，反而是另一家外商出版公司盛情邀約，想借重她過去的出版編輯才華，在國內拓展版圖。抱持隨緣的態度，施淑宜就這麼接下出版社總編的重任。十個月的時間內，她從出版的角色跨足接觸到策展的領域，原以爲，日子就這麼過下去，但後來因爲種種因素，她選擇離開。

不像大部份創業者懷抱著雄心大志，施淑宜說，一開始的她，並沒有創業的念頭。離開職場的那段空白時刻，她只是單純地想做自己喜歡的事情，想讓手上幾百幅的畫作變得有用。她思索著，什麼時候是自己最感到快樂的時刻？什麼是自己一輩子從事也不會覺得厭倦疲憊的事情？

不愛唸書，卻一路唸到了中興大學歷史系，還當了老師、出版社總編輯、製作廣播節目。自言個性離經叛道的她，反而是在創作繪畫的當下，能眞正感受到身心靈全然的寄託和滿足；儘管不是美術科班出身，但施淑宜的畫作卻經常深獲師長們讚賞，尋常人絞盡腦汁也不一定能有靈感，她卻信手拈來皆靈感，旁人見畫讚嘆之餘，總愛問她靈感，但她說，自己作畫，靠的是直覺，而非靈感。「就像一張空白紙擺在面前，下筆之初完全不知道要畫什麼，但只要一

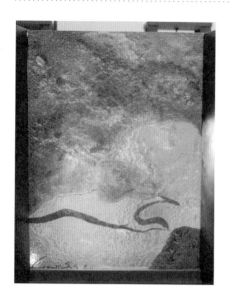

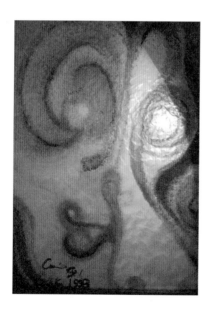

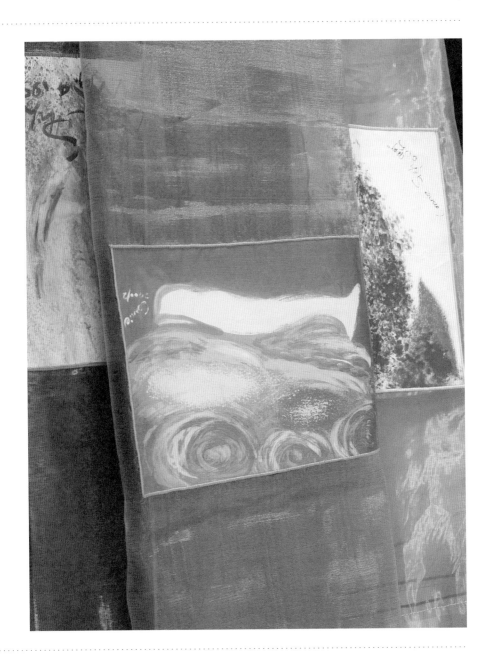

閉上眼的剎那，好像就可以看見想要的樣子，而此刻，構圖就是當下的創作，只要一筆下去，就能繼續。」

從小的美感天分，在旅居加拿大的那幾年，被自然萬物的原色魅力喚醒，造物者的巧奪天工成了她創作的導師，她形容，每天看到的景象，自己竟會組合變化，就在閉上眼似睡非睡之間，不知從何而來的圖像一一浮現。源自大自然的靈感，牽引出汨汨不絕的繪畫能量，幾年的時間裡，她大量的創作，作品竟累積達二、三百幅，看著窗外景致，也讓她覺悟到，最感動人心的作品不該只是放在博物館裡，而是隨時隨地存在人們的生活中。

沒錯，唯有創作的時候，最讓施淑宜對外在變化心無旁騖！而真正偉大的創作，就是要能存在於生活周遭！

一個動心起念，往往就影響了一輩子，施淑宜知道，自己接下來的生活，是無法脫離繪畫創作的。但，卻又不甘於畫作只是拿來開畫展、只能拓印在馬克杯盤上，她，想讓視覺設計得以展現不同以往形式的生命力！

「創作還能如何藉由日常生活的物品，和人產生關係？如何讓藝術成為融入生活的視覺產品？」「如何讓生活物件去說話，讓人可以解讀？或者因為它的存在讓人覺得舒服，不必要做任何解讀。」

靈感往往乍現於不經意之際，就在思考的時候，她看見了燈，想到了透光之後的影，「光亮的熱能，能將燈罩上的影像由內而外放射，透過燈光，所有的東西都會呈現不同一般看見的效果」，於是，她開始嘗試讓畫作躍然於燈罩之上。或許因為無所求，反而讓一切變得出奇順利，她很快地找到自己屬意的布，這美好的開始鼓舞了她，開始變得積極，不但親身投入研究，研發

出能夠防塵、抗光不褪色而且耐熱、阻燃的材質，她還特地跑去世貿展尋找合作廠商，就在展覽現場，她找到願意以低廉價格爲她限量開模製作燈罩的廠商，幾經討論，終於完成一座座抗光顏料特殊防水材質的造型燈品。

一切都在無心插柳中得到滿意結果，就連「文創館」的名字由來，也是那麼順理成章。施淑宜笑說，當初在做這些嘗試前，其實還沒有創業的心理準備，卻在某一天，一人躺在陽台上發呆出神時，腦袋奇蹟似地迸出了「文創館」三字，不但恰恰與文化創意產業的概念相近，更與施淑宜當下的心情不謀而合，「文創天圓，誕生於地方，就像此刻的心情，這條路是走不盡的、無界限的。」

因爲創新，找到市場

有了成品、有了品牌，所有的想像在現實中成形，創業的路也因此成行。雖然不懷成敗包袱的心態，讓施淑宜顯得更無所畏懼，但無所畏懼下的規劃，卻也小心翼翼，一點都不馬虎。

要談文創館成功的秘訣，或許，就是「創新」兩字。不論是作品的發想或是生產開發上，施淑宜都有獨特的創見。她深知藝術燈的小眾市場，因此採取限量生產策略，透過限量提升作品價值，爲了更凸顯燈罩上畫作的生命力，燈體的特殊角度設計，讓每盞燈作從不同角度和高度觀賞，都可呈現出造型、構圖不同的視覺感受，就連燈腳也經過細節的考究；此外，她也應台灣創藝基金會之邀，嘗試將畫作應用於電視LED之框架。行銷規劃不假手他人，她親自設計作品DM，鎖定自己想要的客層，發送DM給藝術團體、各大飯店、百貨商場，果然，涵碧樓看了DM上的介紹後，主動和她聯

絡，讓第一批開發的燈飾產品成功進駐到涵碧樓。

不過，當時卻發生了一個錯誤的小插曲！原來訂價為四八○○元的作品，卻被飯店誤植為八八○○元，令人咋舌的單價雖然讓多數產品面臨賣不出去的窘境，卻也讓「文創館」開啟了口碑與知名度。後來，施淑宜希望尋找更穩定客戶流量來源，便嘗試進駐知名百貨商場設立臨時櫃，如新竹風城、京華城等，成績算是不錯。施淑宜記憶最深刻的一次是，顧店的時候，一位原來步伐急促的小姐，卻在燈飾作品前放慢了腳步，如遇知己般當場和她暢談近一小時，那一刻，她得到了莫大的鼓勵，「於是我知道這樣的創作也能感動別人。」

失敗經驗

選擇在五星級飯店設櫃，鎖定客層的消費力，但後來才發現自己錯了，「消費力不等於品味力！」

五星級飯店設櫃，慘澹經營的挫敗

臨時櫃反應佳，燃起她簽約設櫃的念頭，為了尋找適合的櫃位，她鎖定五星級飯店為目標，最後決定坐落在上流階層往來頻繁的遠企飯店，只是萬萬沒想到，選擇遠企飯店簽約設櫃的決定，卻是個失算的決定。

文創館創立後，同年就獲文建會文化創意產業專案中心評選為九十三年度視覺藝術類產業五名重點輔導對象之一，創業之路相當順遂，施淑宜笑說，也許就是因為剛開始太順利了，以致忽略了嚴謹態度看待每個環節。當初選擇遠企設櫃，主要鎖定客層的消費力，但後來施淑宜才發現自己錯了，「消費力不等於品味力！」她說，一個單價四、五千的生活藝術品，對遠企的消費顧客而言絕對負擔得起，但問題是，是不是能有同等的鑑賞力?!二○○七年七月設櫃，為了節省人事成本，施淑宜自己看店，百無聊賴時索性拿起簡便的色鉛筆就開始創作，人家問她，人來人往如何定下心來創作？她玩笑似地回應：「一點也不吵啊，因為事實上就是，沒有人來人往嘛！」

產業結盟，生活美學推廣的願景

慘澹經營撐了三個多月，多方評估考量後，施淑宜毅然決然結束在遠企的營業。從熟悉的職場跨領域成自己開店創業，從幫別人賺錢到自己當老闆的角色互換，這一連串過程，要說辛苦，因為做的是自己喜歡的事情，因此，所有的苦施淑宜都能甘之如飴，最大的體會反而是讓她認清，什麼是自己所能，什麼是自己所不能。

對她而言，創業原是為了能「為所欲為地實現自己想做的事情」，但真正投入之後，才深深體會「創業是好多的承擔」！身為文化創意產業的創業者，她提及，創作者總是希望能在作品中實踐想法，但市場是無法控制的，作品是否能得到市場認同？還是要趨附市場口味而創作？

理想和市場之間，永遠存在創作者最大的矛盾，而矛盾的緩解，最快也最直接的方式，當然是在於資金的扶助，施淑宜說，自己曾在青年創業貸款上由於營業額未達標準而碰壁，最後只好硬著頭皮選擇一般利率較高的貸款，她希望，政府未來能放寬對文化創意產業的貸款條件，這樣才能更有效地達到扶植成果。

雖然跌了一跤，但創業的腳步不因此終止。許多朋友都勸她，何苦如此打拚，以她的才能，回加拿大辦幾次展覽，就很好生活了！儘管現在仍為創業負債幾十萬，施淑宜回顧創業過往，「我不是太ㄍㄧㄥ的人，真的做不下去就放棄了，但我一點也不覺得苦！」未來，施淑宜除了有進駐新竹SOGO的打算，也正洽談在宜蘭傳藝中心設點的計畫，希望結合包括陶藝、浮雕、精工、漆器、編織結藝等志同道合的藝術家共同合作，真正達到藝術產業化。

她說，文創館想做的，不只是實現創意，最終的目的，是希望分享「實用美學」的概念，讓藝術藉由生活化的物品，擁有更多元化的展現，舉凡巧妙地運用在禮品、家飾、精品、琉璃屏風上，都是目前所推動的，接下來，她也積極開發和建材市場的合作，嘗試讓作品躍然門、窗和家具之上，更和服飾產業結合，製作風格獨具的服飾、圍巾等生活藝術品，希望能提升為台灣的藝術生活品的國際形象，台灣藝術商品注入新的生機。

除了實體的異業結合，整個創業過程，施淑宜也體會到國內的生

活美學理念仍不夠普及，因此，她期盼
國內教育能更落實美學能力培養的扎根
工作。近期她接下YWCA的美術課程，
從課程規劃到上課，從美的成分、美的
眼光乃至動手DIY，尤其還是以中英文
穿插的方式進行教學，希望藉由潛移默

「文化是一種生活態度的展現方
式和選擇，如果我們對視覺體驗
有一種參透，不斷被啟發、湧現
靈感，因而不斷創生出新的產
物，都是值得我們欣喜的。」

化，讓美學眼光成為未來每個人的生活本能，更進一步，則是製

作推廣美學的節目播出，她笑著說，希望台灣未來也能出現像風靡美國的生活藝術大師瑪莎‧史都華一般的人物！

成功策略

深知藝術燈的小眾市場，因此採取限量生產策略，透過限量提升作品價值。

有過風光，也歷經人生變故、關店挫折，縱然文化創意產業的經營，在不景氣的年代裡顯得更困難重重，施淑宜始終保持著樂觀心態，不輕言放棄，「人生沒什麼好擔心的！」因此，她鼓勵所有想要創業的人，都該勇敢圓夢，創立了文創館，現在的她，隨時死去，都不會覺得有遺憾。（文／李靜采　攝影／王國宇）

創業一點訣

1 性別不是問題，充沛的原創力是關鍵

大多數產業，最重視的無非是銷售和市場，追求利潤價值，文化創意產業不能逆市場而行，但在營利之外，更兼具個體化的產品精神以及產品所傳達的美學價值，因此，想要兼具市場價值和美感價值，它的產品設計，就必須能散發獨特吸引力。

文化創意產業沒有性別、年齡的門檻限制，但講究的是創新，作品需要更多的創意和熱情，既然創造力是生機，前提就是必須選擇自己能做、愛做的，並且具備充沛的原創力和毅力，才有永續經營的可能性。

2 符合經濟效益的行銷模式

「即使是藝術，也不能建立在不食人間煙火的狀況；資金流動一定要有出有入，若一直有出無入，就要改變行銷策略，修正營運模式。」

施淑宜十分清楚，文化創意也不能免於成本考量，而品牌經營是創業的第一步，必須盡其可能讓藝術作品藉由品牌而有明確的定位，品牌知名度打開後，才能提升產品價值。在創業之初，施淑宜很快地鎖定「文創館」作為品牌，並藉由行銷宣傳來打開品牌知名度，最好的方法當然是擁有一家產品直營店，但直營店的成本支出太貴，施淑宜於是在SOHO創業族眾多的Sohomall入口網站裡，加入連結自己的網站，果然效果不錯，不但因此收到青輔會的課程通知而參與飛雁計畫。大型的展覽也是很好的管道，施淑宜不但在世貿展偶然找到合適的廠商合作，也因參加世貿展，接到不少國外貿易商的詢價電話，開啟外銷的商機。

倘若經濟條件允許，直營店當然是最好的方式，但必須符合經濟效益，仔細評估收入是否能夠負擔店租，施淑宜建議，為了節省人事成本，最好自己看店，所有的公事洽談，就約在店裡，地盡其利。

3 透過創業計畫書的撰寫，瞭解自己問題所在

大陸著名網站阿里巴巴的創辦人馬雲曾說，自己一生只寫過一次企劃書，那次的企劃案還不獲青睞！不過這句話可不見得適用於所有人，施淑宜建議想創業的人，應學習撰寫階段計畫書，透過書面的分析整理，幫助瞭解自己的現狀，不但有助於評估想法的可行性，也可避免掉不必要的風險。

4 注意成本控管，尋求專業

如果問施淑宜，這一生感到最大的挫敗為何？她會開玩笑地回答妳：「沒有貸到青創貸款的時候吧！」但資金籌措這件事，對創業者來說，卻是個必須嚴肅看待的課題。她提醒所有創業者，務必評估自己的償貸能力，並且竭盡所能尋求最低利率的創業貸款，才能免於過重的創業包袱壓垮自己，目前，政府對文化創意產業已有所謂的文化創意產業優惠貸款及研發貸款，可以多加利用。

此外，自創業以來，總是創作、研發、行銷一手包辦，但在面臨產品行銷推廣的瓶頸時，曾有創業顧問認為她把太多時間花費在創作和研發上，建議她考慮專業經理人的可行性。經過這幾年的觀察，施淑宜也逐漸認同於「將行銷交給專業」的合作模式。

5 藝術多元發展，創造新商機

施淑宜看待藝術文化，不僅有觀賞價值，還更應擁有生活價值，因此，包括材質的創新嘗試、產品風格及功能的講究，都是她創作表現的範疇。她強調，藝術產業不要劃地自限，儘量開發藝術的可能性，就有可能碰撞出令人眼睛一亮的作品，另闢新市場。

6 結合群體力量，推廣美學生活

施淑宜說，文創館一直希望盡力集結優質的文化產業，舉行國內外聯展，或者藉由文化政策來規劃地區性的創意市集，乃至於發展國內外的文化贈品市場、成立文創館講堂、舉辦藝術體驗營、課程、座談和演講，有文化旅遊、有關懷台灣的國際友人發聲討論的空間等，藉由不同領域藝術同好的串連結合，運用複合經營模式，發展成創意生活圈的概念，為一般人的生活帶來知識學習、美學體驗的愉悅價值，相輔相成，擴大產業經濟效果。

琉璃珠傳人

施秀菊

店名：蜻蜓雅築珠藝工作室
創業內容：原住民藝品
創業金：5萬
創業資歷：24年

她放得下身段，但絕不放棄尊嚴

屏東三地門有個奇女子，她以身為排灣族人為傲，她和女性族人手工製作的琉璃珠串，不僅聞名台灣，還美名遠播，成為國際知名的文化創業產業響叮噹的名字。

二十四年前，緣於一個單純而堅定的理念，原本是國小教師的施秀菊，便在自家屋簷下成立琉璃珠珠藝工作室，展開她的創業之路。這個創業的起始，不帶著一般世俗的賺錢欲望，而是為了文化傳承的理由——讓族人認識這項即將失傳的排灣族傳統手工藝。如今二十餘年過去了，施秀菊所經營的「蜻蜓雅築」，不但帶動族人認同和熱愛原鄉文化，也成為屏東三地門部落人文藝術和休閒觀光的指標。那一顆顆剔透晶瑩，流傳著美麗神話的琉璃珠，是她以濃烈的愛鄉之心出發，不計商業利益而堅持到底的人生志業。

使命驅使，築夢踏實

身為排灣族原住民，施秀菊從來不覺得自卑，相反的，她打從年輕時期就有股強烈的使命感——要讓所有族人以排灣族文化為榮。為了這個使命感，施秀菊和先生於一九八三年成立「蜻蜓雅築」，夫妻倆同心協力打造琉璃珠之夢。

傳統排灣族社會的古琉璃珠，不僅是傳家之寶，也是婚聘中展現家族地位和光耀門楣的尊榮之物，傳統古琉璃珠因為色彩圖騰的不同，代表著不同的神話傳說，有太陽的眼淚、孔雀之珠、土地之珠、眼睛之珠等各自的名稱，排灣族人相信琉璃珠具有祖靈賦予的神秘力量，能祈福庇祐，也能降禍懲戒。

施秀菊從小由母親口中聽著一段段有關古琉璃珠的美麗傳說，深深被七彩繽紛的琉璃珠和依附於琉璃珠的排灣族文化藝術精髓所吸引，所以在織布、蠟染、木雕、石雕等排灣族豐富的手工藝中，她獨鍾琉璃珠，而對琉璃珠這唯一最愛的癡迷情愫，更源於一段無奈的過往。

當施秀菊還在唸高中時，母親生了重病，不斷支出的醫療費用讓家中經濟陷入困境，而家中小孩又都還在求學階段沒有賺錢能力，迫於無奈只好決定將祖傳的成串古琉璃珠變賣，以求換得幾塊錢為母親治病，割捨祖傳古琉璃珠的心痛和遺憾，在施秀菊心中留下深深的烙印。結婚後，先生知道了她的遺憾，鼓勵她「化遺憾為力量」，於是施秀菊從一個對琉璃珠手工藝一竅不通的教書老師，開始從頭摸索、學習，展開她的現代琉璃珠創作和推展之路，要讓琉璃珠在自己心中和人世間永遠璀璨輝煌、生生不息，讓遺憾圓滿重生。

承傳珠藝，情緣不滅

雖然古琉璃珠是排灣族歷代相傳的寶物，但是實際的手工藝技術並沒有詳細的文史資料記載，所以琉璃珠到底是排灣族祖先自創的，還是由平地商人引進的外來貨，沒有明確的考據，所以二十多

年前施秀菊夫妻創立工作室之時，對於琉璃珠的製作材料、工具和過程，是逐一摸索和不斷改進，歷經二至三年的摸索期，才讓工作室具有完整生產和行銷琉璃珠珠藝的初步規模。

「說真的，當初並沒有偉大的創業計畫，只是有多少錢、有多少心力就做多少事」，夫妻倆除了整日埋首在那熾熱的火焰前燒製琉璃珠，不知燙傷了多少次手，也算不清燒破了多少個琉璃，只為追求一顆完美無瑕的美麗成品，工作場所也從原本家門口的工作檯，有多點錢，再找個寬闊點的地方搭起鐵皮屋、擴充更多的器具設備，慢慢地從無到有。同時他們還利用時間，開車載著各種琉璃珠創作品到廟會、藝文廣場、文化中心等人多的地方去推廣展出，「當年是全省廟會走透透的」，即使開了好幾小時的車，北上某個地方的廟會擺攤，也許一天賣不出幾件作品，但是

失敗經驗

早年國人對原住民手工藝認知有隔閡，常以「那是番仔的東西」而拒絕她的銷售。

他們並不氣餒，因為每一次的設攤機會，就可以多數十或數百人能認識排灣族的琉璃珠文化，這種涓滴成河、積少成多的教育推廣信念，就是他們不畏辛勞堅持走下去的強心針。

草創時期的種種，充滿著施秀菊和先生互相扶持、鼓勵的諸多回憶，然而這卻是她不太願意被碰觸的傷痛；十多年前一場車禍，意外奪走了摯愛的丈夫，這個突如其來的打擊，讓她頓失依靠，傷心得不能再傷心，但她終於還是走過了喪夫之痛。施秀菊說，讓她行過人生的幽谷，繼續堅持這個事業的最大力量，就是兩人的愛和對承傳琉璃珠文化的共同理想。在琉璃珠世界中，她深深地感受到先生未曾離開的熱忱與情感，她許諾自己要用最虔誠的心，來完成先生的未竟遺願。

無畏流言、努力與鄉里共生共榮

「有人說我販賣文化，悠悠眾口我無法一一辯駁，只能用行動和成績來證明自己愛鄉愛文化的這份心」，二十多年前，當施秀菊將排灣族的琉璃珠手工藝創作到處去推廣銷售，而且她也開課教授琉璃珠手工藝課程，來學的人不只部落族人，其他族群的原住民、平地人等來自四面八方的學生她都照樣教，當年部落裡的保守民風，也傳出批評她的耳語，說她爲利販售排灣族文化，說她爲錢讓排灣族手工藝技術外流等等。

「就當沒聽見吧！做好自己認爲對的事，做出一番成績來比較重要」，施秀菊這樣告訴自己，所以她不管外面的蜚短流長，總是默默地、專注地、廢寢忘食地依循自己的步調推廣琉璃珠文化，差不多花了十年，「蜻蜓雅築」琉璃珠的名號打響了，加上部落裡其他同質或非同質工藝藝術家們，以及鄉公所等公部門的計畫性推

展，慕名來屏東三地門參觀琉璃珠和手工藝品的遊客變多，帶動地方上餐飲、民宿等觀光商機，因應觀光客需求的各式商店一家家開了起來，部落就業機會增多，攸關族人生計的經濟環境動了起來，當初誤解施秀菊的族人們終於了解她的苦心了。

而當三地門的琉璃珠，成為享譽國際的文化創意產業指標，隨之而來又是另一股「樹大招風」的流言，「三地門的錢，都被蜻蜓雅築賺走了」，因為蜻蜓雅築的知名度較高，因此來參觀選購的人數也比其他店家多，「店紅是非多」，又是施秀菊要以智慧面對的新課題。

「讓蜻蜓雅築做三地門觀光據點的起頭，整合部落其他工藝和特色店家，成為有系統的人文觀光旅遊線路」，也許是身兼教會長老，施秀菊有著如大地之母的包容，二十多年來，她並沒有因為流言不斷而對鄉里失望過，反而會認真思索流言背後的意義，是不是自己做得不夠多、不夠好。她想的是，在「蜻蜓雅築」腳步站穩後該如何為整個三地門部落的店家共闢財源，所以「部落導覽」也成為「蜻蜓雅築」的主要經營項目之一，透過部落導覽活動，將「蜻蜓雅築」吸引來的觀光人潮，引流到部落其他工藝和特色店家，行程中甚至也安排同質性的琉璃珠工藝店家，她不怕所謂的排擠效應，一來施秀菊對自己「蜻蜓雅築」的產品有信心，二來她認為每個琉璃珠工藝師的創作各有風格特色，觀光商機的大餅大家一起分食，甚至要群策群力把餅做得更大更好。

這種對部落鄉里無私的大愛，對一般人來講很難做得到，也許還要再花另一個十年才能達到真正的共榮目標，施秀菊卻是無怨無悔一抹淺笑說，「我沒什麼偉大，族人就像我的家人，照顧好家人是我應該做的！」

「蜻蜓雅築」主攻精緻文物專櫃路線

二十四年的創業生涯，施秀菊是一步一腳印朝著自己的理想目標往前行，沒有僥倖，全是辛苦打拚的成果。廟會的擺攤生涯是施秀菊推廣琉璃珠文化的起步，隨後她展開了固定設點的計畫，要讓各式各樣的琉璃珠創作品普遍讓人欣賞得到，在拓點階段期，她面臨到更殘酷的市場考驗。

藝品市場百家爭鳴，更不乏低價競爭，施秀菊手工製作的琉璃珠創作品，囿於價格無法壓低，實在很難在市場競爭，加上早年國人對原住民手工藝認知有隔閡，常以「那是番仔的東西」而拒絕她的銷售。為了突破這樣的困境，施秀菊嘗試做市場區隔，先從琉璃珠創作品較有生存空間的通路著手。

「外國人比較懂得欣賞，他們願意尊重具有文化內涵的東西。」施秀菊語氣說得有些無奈，心中也不免感到遺憾，台灣的原住民手工藝品得靠外國消費者加持，才能在市場上存活。早年的現實環境就是那麼殘酷，施秀菊不得不以外國人為目標消費群，積極拓展相關的通路。

國家的門戶——桃園國際機場，是施秀菊最先鎖定的地方。那兒有成千上萬的國際友人出入，而他們對台灣的原住民手工藝充滿興趣。外國觀光客來到台灣，常去參觀的博物館、文物館等地方，「蜻蜓雅築」也陸續進駐設櫃。施秀菊分析，會來文物館參觀的國內外民眾，泰半對各種文化欣賞有一定的涵養或喜愛，「有識貨的人欣賞好東西，就有商機。」蜻蜓雅築因為目標市場明確，奠定了日後開花結果的基石。

從博物館、文物館開始耕耘，「蜻蜓雅築」得到了外國人好評，

尤其大受日本人歡迎，他們甚至將琉璃珠引進日本，「蜻蜓雅築」發展至今，年營業額的三分之一即來自日本市場的貢獻。隨著台灣觀光事業逐年發展，「蜻蜓雅築」的觸角更延伸到知名觀光景點和觀光飯店，琉璃珠因此成為遊客必購的觀光紀念品和最佳伴手禮。

　　在國際時尚民俗風的推波助瀾下，台灣原住民的藝術文化正逐漸翻身，廣大消費者欣賞原住民文化的民智頓開，「蜻蜓雅築」琉璃珠珠藝創作品和DIY材料包因此打開了國內市場，許多商家、個體戶等也慕名而來，陸續向「蜻蜓雅築」批貨販售，也有團體下單訂製專屬商品，「蜻蜓雅築」的琉璃珠在國內愈來愈受歡迎。

感性經營，讓每位員工覺得自己是老闆

施秀菊從為人師表轉入複雜的商場，商場上談生意的「眉角」，她也是從一次又一次的成功或失敗中累積經驗，她說，她可以放下身段，但從不放棄尊嚴，她堅持只跟尊重原住民文化的人做生意。

在雙方洽談的過程中，如果察覺對方不尊重原住民文化的原創精神，彼此理念不對盤，即使合作條件再好，也不會降格以求。相反的，如果對方極具尊重文化的熱忱，施秀菊可是灑脫得一切好談。

在「蜻蜓雅築」這塊築夢的園地裡，目前有三十三位員工，她們幾乎清一色都是女性族人，施秀菊提供族人婦女就業機會，讓她們可以就近照顧子女，家庭多份收入，也讓她們從工作中建立自信和尊嚴。

施秀菊坦言，在經營和管理上她投入很多的感性成分，如果以現今強調嚴謹、制式化的企業管理模式來論斷，她的企業診斷大概會

不及格，不過在施秀菊的感性經營中，也有屬於她性情中人的一套管理模式。

「與其說施老師是老闆，不如說她更像朋友、姊姊甚至媽媽！」這是跟在施老師身邊七年、今年二十八歲助理黃逸珍下的注解，用來形容施秀菊的感性領導風格最為貼切。蜻蜓雅築不是公司而是一個大家庭，在這個家庭裡，有和蜻蜓雅築同歲、一待就是二十四年的資深成員，也有現今職場戲稱草莓族的七年級年輕人，施秀菊就像家中長輩一樣，循循善誘讓不同年齡不同個性的成員，讓她們找到自己的方向、發揮最大的潛能。

在工作上，施秀菊以「提點」取代「命令」，告訴成員們工作上的大方向後，其他細節任由發揮，譬如七年前增設二樓的「唯一咖啡」時，她就放手讓年輕人去做，從餐廳的佈置、氛圍的營造到菜單的設計、廚房的料理工作等，五、六位年輕團隊成員非常自由地將她們對餐飲經營的想法和作法逐步落實，施秀菊雖然是最後的定調者，但是在籌辦過程中，她給予非常寬廣的信任空間，讓成員們可以把自己的意見提供出來，施秀菊也以長輩身分給予建議，大家腦力激盪、截長補短，在蜻蜓雅築沒有「老闆說的都是對的」這種壓力，只要誰的想法精采、有能力說服大家，誰就是可以作主的頭家。當自己的想法受到肯定，成就感就成為努力工作的元氣，對團隊的歸屬感自然增強。

不只工作上，施秀菊對蜻蜓雅築的成員像家人般的關心，是大家做人做事的心靈導師。她不時透過宗教的方式，讓生活或工作上遇到難解習題的成員，獲得精神層面的慰藉，建立坦然面對人生試煉的勇氣。

以跑在別人前頭的創意，建立模仿不來的品牌質感

施秀菊將排灣族的古琉璃珠傳說，以動人的文宣包裝強化其故事性和神秘感，創造了一至十二月的舞動生命十二篇作為行銷主軸，如代表一月的「日光之珠」，象徵尊貴，三月以翠綠的「蝶蛹之珠」，意味豐收，八月則是充滿浪漫情懷的「孔雀之珠」，祈求愛情圓滿，十一月的「勇士之珠」，是代表巧健勤奮的英勇珠。琉璃珠珠藝商品包羅萬象，有手機吊飾、耳環、項鍊、戒指、手鍊、腳鍊、髮飾，大型創作還有門簾、壁飾等，琉璃珠也廣為運用在服飾配件鞋子等設計上。

乍看之下，七彩繽紛的琉璃珠都極為相似，可是實際捧在手中仔細端詳，就能看出色彩的運用、圖形的紋路、珠型的完整以及柔順的觸感、整體的美感等。施秀菊自認，她的琉璃珠質優形美，禁得起消費者比較。

浪漫行銷的策略讓琉璃珠商品極具魅力，但是施秀菊認為機器燒不出浪漫，所以「蜻蜓雅築」堅持純手工製作琉璃珠，每一顆都是獨一無二，不會有完全相同的第二顆，每一件作品都是經過工藝師細心呵護下產出的，品質才有保障。

這幾年，施秀菊已不再親手上線燒製琉璃珠，她將重心放在對員工的培訓上，尤其致力於培養每位工藝師的美學概念，大家的美學素養越充實，設計創意和技術手感才能求新、求變。為此，她不間斷地蒐集各方資訊，也風塵僕僕到國內外參觀相關展覽，好讓自己的教育訓練素材更為豐富，可以教學相長，好還要更好。

複合式經營，帶動地方觀光也吸引年輕人加入

「蜻蜓雅築」採取複合式經營，一樓是琉璃珠珠藝的展售場和開放式的工作室，來這裡的遊客，除了有琳琅滿目的琉璃珠商品可以欣賞和選購，更可以近距離參觀琉璃珠的製作過程，只要預約，也提供DIY教學服務，讓民眾親身體驗製作的樂趣。二樓則是「唯一咖啡」，提供風味美食和各類飲品，選用食材都是以原住民部落現有生產的農特產為主，例如，咖啡選用的就是三地門鄉德文部落的德文咖啡；小米、玉米、山豬肉等，皆由附近部落生產供應。這又是施秀菊關懷部落生計的另一展現。

結合餐飲美食的複合式經營方式，除了是讓「蜻蜓雅築」整體的人文觀光氛圍更加完整外，施秀菊還有一個目的——希望藉由餐飲業種，來吸引部落年輕人回鄉就業，同時開拓年輕族群的觀光客源。施秀菊解釋說，年輕孩子們對餐飲美食比較有興趣，當他們踏進「蜻蜓雅築」後，就能耳濡目染地接觸到琉璃珠文化，進而學習欣賞琉璃珠文化，甚至激發有心的年輕人願意投入琉璃珠創意設計和燒製技術的工作行列。

讓蜻蜓玉帶著幸福，飛向自由的國度

回首二十餘年的創業之路，施秀菊記得的是那屢屢獲得的幸福，曾經與先生一起打拚是幸福；能和族人一起為排灣族文化努力是幸福；和喜歡琉璃珠文化的朋友相遇也是幸福，尤其看到因蜻蜓雅築琉璃珠結緣的朋友，又帶著其他的朋友們來欣賞，施秀菊覺得，藉由琉璃珠傳遞的文化情感發酵了，這就是她擁有的幸福。

曾經有陷在失望漩渦中的失婚婦女，看到施秀菊爲亡夫燒製一款「情人的眼淚」報導後，特地跑到三地門來感謝她，因爲施秀菊的故事和作品，讓她覺悟到要疼愛自己和珍惜身邊的人，重燃對生命的熱忱，在那一刻，施秀菊更堅信，能讓別人找到幸福，就等於自己的幸福。又如蜻蜓雅築目前英國歐洲的行銷管道，也是一位遠嫁異鄉的台灣女兒，因爲對蜻蜓雅築的琉璃珠愛不釋手而主動接洽合作，將之引進到歐洲，讓琉璃珠之美無國界的傳遞開來。

如同「蜻蜓雅築」之所以取名「蜻蜓」，是源於一段關於排灣族的傳說，排灣族人認爲蜻蜓的眼睛就像是琉璃珠，大人都會告訴小朋友，如果抓蜻蜓折下牠的頭埋進土裡，不久之後土裡就會有美麗的琉璃珠出現。琉璃珠在台灣和日本也皆有蜻蜓玉之稱，小時候的施秀菊非常喜歡玩這個蜻蜓玉的遊戲，如今這個夢想擁有琉璃珠的小女孩，已經成爲讓琉璃珠文化散播愛與幸福的成功推手。（文／陶依玟 攝影／楊爲仁）

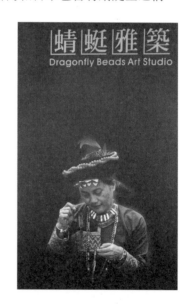

創業一點訣

1 一定要想清楚方向

對於所有想創業的人，施秀菊的建議是「一定要想清楚」。想清楚自己所具備的創業條件和競爭力是否扎實；想清楚創業的方向要往哪裡走？最忌諱的就是趕風潮，譬如看別人做泡沫紅茶似乎很好賺，就跟著投資去做；看別人做餐飲很成功，也想自己來開店。

她語重心長地說，創業必須擁有中心思想，而且要堅定不移，不論創什麼業，創業之路必然崎嶇難行，唯有以強大的信念來支持，創業者才能繼續走下去。施秀菊建議，有心創業的女性，一定要想清楚自己是否對行業真的有興趣、了解該行業的深度和廣度夠不夠、自己的資金周轉有沒有彈性，具有公信力的單位所提供的創業資訊，也要多多吸收和利用。

2 因時制宜調整創業步伐

一旦想清楚自己的創業理想後，不論遇到什麼挫折和瓶頸，都要堅強面對不氣餒，同時要懂得隨著大環境調適創業的步伐。施秀菊覺得，創業成功者大多具有越挫越勇的特質，當三地門是一個沒沒無聞的原住民部落時，她全省各地去展售讓大家認識三地門排灣族的琉璃珠，當三地門成為觀光勝地人潮湧入時，她發現來到工作室的遊客停留時間太匆促而增設咖啡館來讓遊客有地方休息停留，促進消費時間延長，而當觀光人潮退燒，她就主動出擊到城市裡的百貨公司開設DIY教學課程，讓消費者慕名而重返三地門…，年長的消費者喜歡藝術品，年輕人喜歡低單價的流行飾品，施秀菊也都針對不同客層開創新商品。掌握環境脈動，推陳出新，才能永續經營。

3 碰到問題不逃避，正向面對解決

施秀菊不諱言，即使歷經二十餘年的淬鍊，如今高知名度的「蜻蜓雅築」，依然每天、每年都會出現不同的經營課題，施秀菊一貫的經營態度是，「遇到了事情，就想辦法解決。」

「我不是樂觀，而是沒有本錢流淚和自怨自艾！」旁人看施秀菊，覺得她熱情洋溢、樂觀自持，她卻認為是環境磨練出來的。她說，不論是事業或人生，我們都得堅強面對，流再多淚或是怨天尤人也改變不了事實。「以正向態度面對人生和經營事業」的施秀菊，在她溫柔的女人心中，隱藏著小巨人般的堅毅不拔。

4 即使心急如焚，也要心定如神

對於非營利的創業，因為都屬於創業者的一種理念、夢想的推廣，也因此很難在短時間內就能達成，因此創業不要躁進，遇到瓶頸時就算心急如焚，除了努力思索解決之道外，也要為自己找一個堅定信念的管道。施秀菊自己是靠著禱告，來讓自己的心沉穩篤定，她建議，也不妨抽離環境到各地走走，可以透過看展、教學等，儘量接觸新的人事物，一定能尋找到新的轉機。

創業指南

創業類型的趨勢觀察

對於女性來說，以小資本創業，通常是一段非常艱難的開始，受限於資金與規模，以及未必對女性創業友善的大環境，女性創業要邁向成功之路其實並不平坦。然而，如果女性創業者能放大格局，以宏觀的視野，敏感地嗅覺社會的趨勢，抓住消費者的潛在需求，那麼成功的機率將大為提升。從趨勢中找尋潛藏商機，並且提早卡位布局，是微型創業者以小搏大的最好方式，這樣做不僅日後有機會成為市場的先行者，也可防範財力雄厚的後來競爭者鯨吞蠶食。

從興趣尋找創業的方向

台灣經濟研究院副院長龔明鑫認為，從大方向找尋創業類別時，女性創業者最好以興趣為依歸。從興趣開始尋求創業的好商業，是女性創業最應遵守的第一步。因為自己日常生活所關切與喜歡的議題，往往最能燃燒創業的熱情，讓創業者能夠全心投入。

　　不論是爲生計而創業，或是擁有絕佳創意而創業，在創業的業種上，女性大多有自己特別的偏好。SMART致富月刊曾針對「女性上班族最想的創業類型」做過一項調查，最獲女性青睞的創業類型是咖啡餐飲類，第二名是網路拍賣，其後依序是中、西式餐飲、休閒時尚與實體店面。坊間到處可見的咖啡廳、SPA、居家美容護膚中心、美甲教室等Life style產業，也是女性創業者熱門的創業類型。其中，與美相關的美力產業，更有長足的進展。譬如，大家所熟稔的本土企業「自然美」，靠著蔡燕萍女士的運籌帷幄，不僅在國內開花結果，在中國大陸多年的布局也頗有斬獲，甚至已在香港掛牌上市；而近年來屢次獲頒磐石獎、國家品質獎的白木屋食品，其背後的最大推手簡菱臻女士，也是失志用美學與創意經營食品產業的佼佼者。

　　除了上述服務產業之外，女性重情感、偏感覺，擅長處理人際關係，並不斷強調要自我實現的特質，還有對於人際關係、健康、養生、環保等議題十分關切的傾向，使得衍生而來的柔性產業格外看俏。如近來新興的管家服務，即是屬於所謂的柔性產業，這個產業顧名思義，就是體貼女性、爲女性量身訂作的服務產業。其實，不僅餐飲、美容、補教、健身等柔性產業，一些傳統上認爲適合男性的理性產業，諸如公共關係、企業管理顧問等產業，也未嘗沒有女性可以發揮的空間。專家認爲，有時另類思考，發揮女性特有的柔性力量，反能找到獨特的定位、服務與方向。威盛科技董事長王雪紅，雖然是學音樂的背景，卻能不斷地挑戰所學、超越自我，跨界學習不同的經營方法，就是一個最佳的範例。

晚婚現象起，幸福產業受注目

　　另一方面，我們從青輔會的創業調查可以發現，女性e化創業的比例逐年攀升，特別是年輕世代的創業女性，憑藉著對於網路的熟悉程度，順利地踏出創業的第一步。然而專家卻提醒女性創業者，如果某個產業當紅，也可能意謂市場到達頂峰之後，就要往下走了。譬如，近年頗夯的網拍產業市場，雖然注意度仍高，但似乎已漸趨飽和，減少原有的新鮮感。除非能找到極具特色的商品與商機，否則很難有高獲利的空間。反倒是近來出現少子化、老齡化、晚婚化的社會現象，使得以服務為出發的「幸福產業」、「照護產業」與「減壓產業」有後市看好的可能。

　　什麼是「幸福產業」呢？其實就是專為晚婚女性服務的產業，也是大家所熟知的紅娘產業。根據統計，絕大多數未婚女性是屬於被動未婚的狀態，她們大多不反對結婚，重點在於「找不到合適的對象」。因此，「如何為她們尋找對象」便出現龐大的商機。如果晚婚的情形，最後仍然沒有進入婚姻的狀態，後面又會捲動另一個商機。龔明鑫指出，晚婚化的現象，目前還未產生不方便的問題，但他大膽預測，十年內慢慢就會浮現「找個伴」的需求，不論是生理的照護或是心靈的需求，未來市場前景看好。目前晚婚已成為全球問題，如果腦筋動得快，類似「國外交友」的跨國服務內容，也有潛在的發展空間。

　　其次，國內老齡化的速度逐年加快，如何妥適養護老人，將是未來社會必須面臨的課題。在國內社會福利不夠整備的情況下，民間相關企業便浮現商機。尤其，國內晚婚女性多與父母同住，有一半銀髮族的養護照料，是由未婚子女來支援和決定。所謂的

幸福產業，不僅包括為她們尋覓合適對象，甚至是父母的照料、未來小孩的長期照顧，以及財產的信託基金管理等等，都是女性可以大展身手的一門好生意。

此外，由於大環境景氣低迷，人們心靈需求殷切，伴隨而來的「解壓商機」也不容忽視。只要觀察消費市場不難發現，景氣處於低檔，一般人雖有儲蓄卻不敢輕易消費，相反的，打出心靈教育、心靈成長等訴求的課程，卻能吸引消費者掏出荷包，尤其女性對於成長的需求更為渴切，她們甘於付出高昂代價，這種市場需求帶動了心靈成長、學習課程的蓬勃發展。這類解壓產業能發展出一片天，細究其原因，在於現代人的壓力過度沉重而亟需發洩，或是尋找心靈的寄託，近年來掀起的「樂活」風潮就是最佳例證，「樂活主義」除了反映現代人的心理渴求，連帶地也帶動周邊商品的銷售，因此，類似以代客操作、量身訂做為訴求的解壓商品，勢必愈來愈受到青睞。

女性創業該做的基本動作

　　景氣不好，工作環境也不好待，現在真的愈來愈多人想自己創業。自己出來創業當老闆，聽起來還挺不錯的，但箇中的辛苦絕對比想像來得艱辛。尤其很多人從薪水階級變身為老闆時，往往沒有做好心理調適，一碰到挫折，很快便打退堂鼓，因此想要創業的人，先行自我評量測驗一番，看看自己到底是否具有自立門戶的性格，是絕對有其必要的。

　　台灣經濟研究院副院長龔明鑫建議，女性朋友想創業時，除了檢視自己有無資源可運用外，得先想清楚幾個問題。創業絕非玩票，它需要極大的決心，而且還得承受失敗，最重要的是，找出商業模式，再者則是找到創業的定位、利基，到底創業是新的創意，還是因為東西比同業好，可以取代誰？這時數字化、合理化的創業技巧勢不可免。有了數字觀念，才能合理性、邏輯性思考，在推出產品時才能了解市場有多大。

　　輔導創業的專家則提供更細部的方法，建議女性朋友不斷的以「2 How 3 Why」問自己，認真做記錄與誠實找答案，如此就可以降低創業的風險。

做好心理建設，再自立門戶

　　首先，當我們腦中盤旋創業的想法時，一定得先問問自己Why This？為什麼選擇這樣的創業模式，妳想賣的商品或服務內容，對顧客有何「顯著的利益」？這項商品或服務具備「值得信賴的實際理由」嗎？或是與別人相較起來有「明顯的差異性」？如果答案都是正面的，那妳成功的機率就比較高。

　　在摸索的過程中，也別忘了不斷地詢問自己，為什麼要選這個行業？是因為興趣使然、自己的專業與最擅長，或是只因為這行業比較容易賺錢？如果答案是「好賺」，根據市場的法則，這類創業者通常也最快陣亡！原因很簡單，因為妳想得到的，別人早就設想到了。在投入創業前，我們必須釐清自身的心態，而不同的心態也會產生不同的經營策略與效益。

　　不論想要從事什麼業別，在跨進一個行業前，必須先對市場狀況有個基本了解。例如開咖啡店是很多女性存有的夢想，想開店的人可透過馬路市調進行了解，數一數路上有幾家同質性的店面，或是哪個地點人潮多、哪個時段是人潮的高峰等，只要挑幾條馬路並沿路數一數咖啡館家數，了解市場情況後，還繼續堅持要開咖啡店的意願，應該會大打折扣吧。

　　其次，若是屬於文化創意產業，可透過網路先行了解是否已有人正在做與妳相類似的事？對方目前經營的特色為何？是如何成功的？是否有哪些不足的地方？而妳的創業特色在哪？該如何做才能比他們做得更好？這些就成為創業的優勢與利基。

　　舉例來說，月經秘書張雅媛因為自己生理的一些問題，便覺得可以在網站上銷售幫助女性度過生理期的產品，由於她沒有醫學

背景，一開始讓創業顧問們擔心她的產品對顧客是否具有「值得信賴的實際理由」，且產品與市售相關產品是否有「明顯差異性」？於是建議她以在網站上提供生理期免費資訊服務，只要讓有此需求的客戶找到這個網站，再販售相關用品的商業，這種以「服務為主，販售為輔」的模式，成功地讓她在市場上有所區隔。

另外，多向朋友諮詢、請教，也是獲得市場資訊與建議的不二法門。但諮詢時就得有技巧，例如一位想開鋼琴班的人，詢問「我想跨足經營音樂教室，妳覺得可行嗎？」相信被打回票的機率很高；倘若換個方式問：「如果能讓一個從沒學過鋼琴的人，在很短時間內就能學會彈卡農等流行音樂，妳會想來報名嗎？」相信就能馬上得知市場上妳所想要的資訊，以及妳的構想是否可行。

找出競爭優勢，做市場區隔

當我們經過為什麼創業的辨證後，第二個該持續不斷問自己的是Why You？為什麼是妳？妳有什麼比別人強的競爭優勢？如何與市場做區隔？在這整個過程中，妳都得不停地做記錄，不斷反問自己，直到自認為是「非我莫屬」的不二人選為止。

目前網路上已闖出一片天的虱目魚女王，就是一個絕佳的例子。出身於盛產虱目魚的台南，加上所學是食品營養科系，又是個非常愛吃虱目魚的粉絲，憑藉這三種特質就創造出她個人的品牌特色，否則，同樣都是賣虱目魚，為何人家要上網買她的，而不到市場買就好了。

還有一名經由創業輔導成功的「剉冰女王」，她本身與市場最大的差異化在於，利用本身學設計的概念，成功地把造型與色彩加進剉冰，她所販賣的都是融合造型與美感，再加上她願意每天工作十二小時以上，這兩個特質更是她能夠站穩剉冰女王的要件。

第三個Why Not，是為什麼不做呢？創業最艱難的事，要有一股不畏艱辛、無論如何都要完成的勇氣。從過去的創業輔導案例發現，會放棄創業夢想的人總是比真正創業的多，這證明了勇者永遠是少數！很多人因為害怕失敗而喪失行動力，特別是當妳有一個創業夢想的時候，周邊一定有很多人潑冷水，對妳的計畫提出各種質疑，因此創業者的心理建設十分重要，否則容易黯然收場。為了避免這樣的情境發生，此時，就有必要再回頭審視「Why this，Why you」這兩個問題。

創業說穿了，其實是一個「人性」問題。過去認為一定要做一大堆市場分析、評估報告與人口統計，才能精確抓住市場，現在資訊傳播快速，網路科技又發達，如果還堅信傳統這一套邏輯，可能會有失真確。例如，市場上受歡迎的可愛娃娃彩繪，如果要大家猜猜主要購買的客群是誰？若妳認為是小孩那就大錯特錯了，令人驚訝的答案，竟然是一些心理狀態還停留在少女的熟女！或許也有人以為，可以利用網路調查消費習慣，但它卻未必能真實反映出消費行為，除了有人不習慣使用網路，也有的是不善於在網路上填問卷、消費。

這些現象讓人驚覺，消費行為已不像過去那般容易被預測。專家認為，只要回歸人性基本需求就有一定的市場，妳對感興趣的領域多注意，就會發現自己的腦中擁有愈豐富的資料庫，並且可以這些資料在瞬間做出判斷，而這樣的判斷通常也是最正確的。

寫出「創業計畫書」，自我做體檢

在確定想從事哪個行業、銷售哪種商品或服務後，就進入了創業會面臨的「2 How」階段。

第一個是How to，在資金、創業人脈包含夥伴、潛在客源、策略夥伴、市場各方面條件都已構思妥當，或已累積了相當實力後，就必須提出一份完整的「創業計畫書」，把所想要經營事業的想法儘量詳實地寫下來，這除了是創業成功的必要條件，同時也是創業者向銀行融資或向股東募資時的必備文件。

「創業計畫書」最主要是讓創業者藉由撰寫計畫的過程中，反覆思考所創事業的運作機制，同時審視各環節是否有不周全之處，因此堪稱為創業自我體檢表。創業計畫書不可能一開始就寫得很完美，它需要時間累積逐步完成。但只要肯寫下來、肯與人分享，就會發現自己對實現創業的想法與作法會愈來愈精確。如果不知如何下筆，可上網查詢相關資料，參考他人的計畫書內容與形式，或是買書來參考也行。

擬定創業計畫書是一件大事，一定要「親自」撰寫，千萬不能假手他人，才能讓創業者對所創事業做完整的模擬與思考，使自己的創業成功率提高。不過，通常很多人都是點子超多，但真正要落實起來卻困難重重，或是「謀而不動」也是失敗者常見的原因。撰寫時最好提供參考數據與文獻資料，一切數據力求客觀實際，不能單憑主觀臆測，以及凸顯創業者強烈的企圖心，與經營團隊的經營能力與經驗背景。

計畫書的內容包括主要客層的分布與需要、行銷策略的運用，在於留住舊客人，吸引新客人；行銷的方式也有很多種，因此，

在計畫書的內容上愈詳細愈有利於執行，並把打算經營事業的方法、競爭者分析與未來發展策略也要充分說明，千萬不要認為只要自己想一想寫個概略就好，尤其是想順利申請貸款的話，這部分格外重要。

時間、金錢成本，樣樣得精算

第二個是How Much，妳有多少資金能夠運用。創業資金可區分為「準備多少資金」與「預計花多少時間經營」。根據創業輔導的經驗，資金方面必須區分為三塊：開辦費、周轉金與安家費。其中，開辦費是一筆花出去就無法回收的費用，押金、裝潢、水電、房租等必要的管銷，而且一定會超出預估金額，在估計時務必保守，創業者在估算時不要太過樂觀，執行時並得嚴守預算。

創業維艱，我們每一分錢都得花在刀口上。或許也是因為這樣，創業者常會忽略開辦費的支出。這些支出包括：LOGO設計費、稅金成本、自己是否要支薪等；另外在裝潢時，創業者一定要有定見，不要隨室內設計師起舞。室內設計師是以美觀取向，常會誤導業主在牆角加嵌燈、牆面上加一幅畫等，這些都是屬於額外支出；或在裝潢時忽略管線設計，使得創業者使用後因為設計不良，往往得重新鋪設，這些又是一筆龐大開銷。此外，很多人一開始為了省錢，不願多花包括規費、代辦費、申請類別、中英文商標等申請商標權相關費用，這些費用至少得花二、三萬元。另外最常碰到的是，創業者在進貨成本的考量下，往往陷入單位成本的迷思中，以為已取得低價，其實是花更多的成本在貨物上，除了大筆貨款的利息以及囤貨的空間成本，這些也是讓人易忽略的地方。

創業之初，創業者至少需準備半年的安家費，而周轉金則需準備三至六個月。為了避免事業正起步卻面臨「沒柴燒」的窘境，專家建議，最好養成每個月檢視財務報表的習慣。除了第一個月可能因舉辦各種促銷活動或是因為新鮮感，可以吸引大批客人上門，生意可能大好，但也可能是因為還沒抓到訣竅而導致生意太差，所以，從第二個月開始觀察起，如果每個月業績能維持穩定成長，雖未能達到損益平衡也沒關係，這就值得繼續投資經營，如果經過調整，到了第四個月業績仍不見起色，最好也趕快評估快刀斬亂麻的時間，以免愈陷愈深，讓自己身陷財務危機的無底洞。

　　根據調查，創業時最常遭遇的困難依序是資金籌措、市場開拓、人力招募。資金問題似乎已成為創業者的第一道關卡。資金最好是自有資金，如果必須用借貸方式，負債結構原則是一比一，也就是自備百分之五十，其餘可用借貸的方式籌募。若是找人合夥經營要注意人際關係，彼此觀念是否相符等，千萬不要淪落到創業不成，友情、親情也不見了。

　　至於向銀行申請貸款的方案，目前專為創業提供的貸款專案有：青輔會的「青年創業貸款」、勞委會的「微型創業貸款」，以及「創業鳳凰婦女小額貸款」等，另外可以一般性房貸、理財型房貸、銀行自辦小額信貸等。專家特別提醒，現金卡借貸或向地下錢莊告急，都是很危險的事，創業者儘量不要去嘗試。

怎麼寫創業計畫書？

一份標準的創業計畫書應包含

1　計畫摘要
　　簡介緣起、計畫摘要、預期效益

2　公司概況
　　基本資料、營業項目、組織架構、股權分配等

3　產業概況
　　所處地區市場之基本背景資料、趨勢與未來發展、目前供需狀況與切入機會

4　產品與服務介紹
　　主力產品功能與服務內容概述、搭售產品等

5　經營策略與定位

6　經營計畫說明
　　行銷、製造、技術、供貨與人力

7　產品及服務競爭分析

8　階段目標

9　財務計畫
　　資金總需求、資金來源、資金用途、預估損益表及資產負債表

10　風險評估及因應策略

11　總結

注意稅務與法律，小心侵權

一旦創業後，除非是只想跑單幫，一個人默默地做，不設門面、不開發票，否則就需要辦理工商登記。目前中小企業及工作室組織型態以獨資、合夥組織、有限公司及股份有限公司為限。其中，獨資與合夥組織適合小型商店及個人工作室，有限公司適合小型及微型企業，股份有限公司適合中型及大型企業。而且不論是哪一種創業組織，除享有免稅條件與免開發票者外，均應按營業人（營利事業）開立銷售發票時限表開立發票，並於每月十五日前申報及繳納營業稅；且年度結束後於次年五月底前辦理結算申報營利事業所得稅，並繳納營利事業所得稅。

有些創業者埋頭苦幹，卻忘了申請商標註冊權，被同行捷足先登，而拱手讓出辛苦打拚多時的成果。有時還有更糟的，當對方反過來控告妳時，妳不但得讓出所有權利，還得登報道歉。過去曾有一家百年糕餅老店只知用心經營，不知該去註冊商標，就因此吃了大虧，不僅如此，最後還得付錢請對方授權同意他們繼續使用這個商標。

商標法上明文規定，只要是有形的商品都可以申請商標，而且產品上的圖樣，包括中、外文、圖形等都需要申請，這也是讓消費者可清楚辨識妳所創業的商品或是提供的服務。不過，並不是所有東西都可當作商標，例如地名、姓氏、指示商品等級與樣式的文字、記號、數字、字母等都不能提出商標申請。例如，常見的姓氏外加一個圈。

除了商標外，另一個常見的就是不懂得為自己的產品申請專利，也是讓許多創業者痛失心血結晶主因。所謂的專利，是指

「當發明或創作出一種新的物品或方法，而且可以重複實施生產或製造，為了保護正當權益，向政府提出的申請。」在一般人印象中，專利就只有發明新東西的人才能申請，其實除了無中生有的「發明」外，產品只要符合「創新、實用、進步、美感」皆可申請專利，由於專利申請約十二至十八個月，因此只要有構想或外觀圖，就可提出申請，以免浪費時間與喪失競爭力。

創業者所面臨的問題，有共通性也有其差異性，但共同問題約佔百分之八十，建議有心創業的人，不管是在摸索期或已確定好方向，不妨多參加各種創業相關的課程，吸收相關訊息，能先做好創業的各種準備，在心裡打一劑預防針，那麼日後即便面對問題時，也就不會那麼心慌意亂。

建立理性的人事管理制度

女性加入創業的行列後，經過市場的激烈競爭，能夠存活下來殊為不易。在業務能夠正向發展的情況下，一定會陸續加入聘僱的伙伴，這時，如何安排員工的工作，發展出一套有效率的管理制度，就顯得十分重要。女性因為天生感性，管理員工時往往太以「人」為考量，不然就是因人設事，這種不善於運用管理工具，同時對數字也不夠理性的創業者，失敗例子往往不在少數。女性感情細膩，善於處理人際事物，固然對經營事業有所幫助，但是相對的，往往也因為人治色彩太濃，反而無法貫徹企業經營的理念，甚至可能因為「婦人之仁」的同情心，而忽略了某些人事對公司潛在的不良影響，這種善良與誤信都容易在管理上出問題。

台灣經濟研究院副院長龔明鑫認為，女性的強項往往也是弱項，

女性衝勁十足，可以很快地從0發展到1，有趣的是，當達成一定目標時，卻因為不去「想」太多，反而容易固守過往的成功模式，忘了因應現實狀況進行變更，甚至有些人不熟諳人事與財務的管理，因而削弱自己的力量，甚至導致事業失敗。

日前爆發財務危機的亞力山大健身俱樂中心，就是令人惋惜的最明顯案例。創辦人唐雅君抓住了「人們希求健康」的商機，同時掌握自己的成功優勢切入市場，事業版圖一路從國內擴張至中國大陸。很多人感到驚訝的是，這樣經營二十幾年的事業，為何會突然爆發財務危機？關鍵就在於唐雅君並未察覺到自己的專長，隨著事業規模擴大，仍一味拷貝過去成功的經營模式，並且按照過去的方法，一手掌握所有決策，財務亦是封閉不透明，在沒有人協助其決策，又缺乏專業數字管理技巧，更別提從未尋找專業協助，完全憑感覺的結果就是：事業一敗塗地。

尤其，健身中心採取預付制，公司的經營損益狀況，只有負責人最心知肚明，儘管過去經營一帆風順，但這並不代表未來可以輕鬆過關，我們從旁觀察亞力山大的經營狀況，不禁得到這樣的結論：「明明是一個善於開發市場的人，卻硬要去管帳，這豈不是大材小用了嗎?!」

創業從0到有的過程固然艱辛，但在到達1的階段後，如何守成並持續成長反而更重要。龔明鑫建議，女性朋友如果希望讓企業更上軌道，就應該拋開自己是萬能的想法，必須擁有正規的企業經營概念，好讓更多專業人才加入團隊，才有辦法讓事業繼續茁壯。

發揮女性特質，柔性領導並非不好，女性天生具有的同理心，是有助於她去發掘管理背後的問題，但成功的經營並不需要過度

同情，而是應當回歸理性的基本面，將經驗予以模式化、系統化，以作為未來的管理工具。龔明鑫建議，女性朋友應學習培養整合能力，協助自己在創業過程中合理判斷，另一方面，則是加強多邊人際關係，用團隊工作的方式來管理經營。

管理財務數字，更要分析數字

或許是保守特質使然，女性在財務執行面上，大多穩紮穩打而不會過度躁進。但是，光會管理財務數字還不夠，如何分析數字則十分重要，很可惜的是，女性在這方面很不擅長。這樣的傾向在太平盛世時，不致造成很大的問題，但是一旦市場發生快速變化，女性創業者往往難以招架，而未能做出適當的應對。保守地固守眼前的經營，是女性慣常採取的經營手段，世界局勢對企業可能產生的衝擊，則未必得到應有的重視。如何以理性的角度去分析數字，抱持宏觀的視野與胸襟來經營事業，可說是一項極大的挑戰。

不管是在創業之前，或是在企業經營的任何一個階段，身為經營者就必須時時深入剖析數字。然而，女性創業者該如何強化這方面的能力呢？這恐怕得從「戰勝天生對數字的抗拒，從愛數字開始，與數字作朋友」做起。剖析數字的第一步，可從大局勢（Top Line）進行觀察，先從整體數字來分析市場趨勢的好壞，但這只是整體市場的初步評估，能否經營及如何經營的方向，則應進一步將數字依據經緯線作縱、切面的細部探討。數字的分析，除了天分以外，大多需要相當的專業與經驗輔助，而學習則是加速自我成長的唯一道路，例如再去進修MBA的管理課程，就是女性創業者學習掌握數字的最佳機會。

不斷檢視成本、管控品質

相當的數字分析能力，絕對是一位成功女性創業者應該具備的基本態度，但是，想要企業能永續經營，或是進一步擴張規模，時時檢視整體成本盈虧，定期檢驗品質更為重要。

以坊間的平價牛排店為例，在一家家裝潢新穎的店面加入競爭的情況下，老店如何存活下來，主要關鍵還是在於品質的嚴格管控。只要老店維持穩定的品質，口味佳、價格實在，就算同屬性的新店家加入戰局，也依然可以勝出而屹立不搖。

因此，當女性打算在自家附近開設小餐館，而不選擇加入連鎖加盟時，就該有個清楚認知：成本管理一定比較辛苦，只要附近有同業競爭，就會面臨極大的挑戰，但是如果懂得維持品質，控管成本得宜，就可以墊高周遭競爭的門檻而維持住市場優勢。

龔明鑫認為，一旦企業體到達一定規模，除了要致力於維持一定的品質，依企業經營需要聘請專業團隊加入，也十分要緊。在此同時，女性創業主也要不斷充實自己，學習與財務相關的知識，才能保持自己在經營上的競爭力。

公部門提供女性創業的多項資源

　　女性投入經濟活動已成為全球趨勢，先進國家大多投入大量資源，透過完整的婦女輔導網絡，提供女性創業諮詢、經營管理、資訊技能及行銷規劃等資源，協助女性提升經濟自主的能力。根據統計，我國女性企業主的人數也是逐年增加中，目前國內企業負責人數中，女性負責人大約佔了三成七。女性創業成功，除了善用個人特質，創意、細心與毅力外，精於政府提供的多項資源也是成功的關鍵之一。

　　在多項的調查中發現，女性在創業時可能面臨：專長技能不足、創業資金不足、行銷管道欠缺、經營管理知識不足等需要整合性經營輔導課程，與欠缺創業同好社群互動媒介，以及不知如何運用政府所提供的資源等問題。

　　其實，目前政府針對女性創業，已設置相當多項的輔導措施。在北、中、南三區分別由行政院經濟部中小企業處、行政院中部及南部聯合服務中心協助籌組成立婦女企業諮詢委員會，並組織婦女企業服務志工，協助傳遞政府資源，同時提供女性企業有關創業、法律及經營管理等專業諮詢服務，從創業上可能面臨經

營、行銷、財務、智財、人事等問題，提供專業諮詢診斷及解決方案，甚至是對法令規定一知半解或求助無門等瓶頸，協助解決法律及權益上之相關問題，以互助網絡的方式陪伴女性企業發展與成長。

在資訊交流平台方面，九十六年三月建置完成台灣經貿婦女企業入口網頁，協助具外銷能力之婦女企業開拓國際貿易市場，並能與歐美國家婦女企業網站聯結，提供產品相關資訊；目前已徵集1,092家婦女企業廠商，提供廠商與產品、商情資訊，供瀏覽查詢服務。同年八月設置完成婦女企業電子商務網，協助內銷導向之婦女企業開拓國內商機，做爲國內婦女企業資訊交流平台，並能與國際性婦女組織資訊交流，目前已有上千家婦女企業廠商加入企業網。

此外，爲了提升女性創業及經營管理能力，行政院青輔會的飛雁專案、行政院勞委會的創薪行動計畫與經濟部中小企業處的創業圓夢計畫，提供女性創業健檢、諮詢、課程、育成等服務。其中，飛雁專案內容，包括針對想創業的女性開辦創業育成班，另有「飛雁育成輔導機制」，提供創業諮詢及主題性進階課程，內容多元豐富，包括專題講座、讀書會、企業參訪觀摩等，對於以創業的女性，深度輔導、後續追蹤關懷。創薪行動計畫則以微型企業創業研習班、小型創業講座、微型創業交流聯誼座談會爲主；創業圓夢計畫，開辦創業必修（包括入門與進階）及選修課程、創業講座等創業創新養成學苑與以深度輔導、技術媒合、行銷推廣、交流分享爲主的創業家圓夢坊。

有鑑於日益重要的電子商務，政府透過微軟「數位鳳凰計畫」、行政院經建會「縮減婦女數位落差試辦計畫」及中小企業處「縮

減產業數位落差計畫」，加強資訊技能及電子商務課程，從基礎運用至深化輔導，開設系列輔導課程，提升女性企業資訊應用能力。此外，中小企業處還提供女性線上e化企業診斷服務申請，由專業人士到現場診斷二次，每次三小時，提供資訊化建議書為參考；想創業的女性也可以就近向北、中、南三區聯合中心尋求諮詢服務或參與婦女企業輔導座談會。

至於創業時最重要的資金管道，目前女性創業可以透過行政院青輔會的青年創業貸款、行政院勞委員會微型企業創業貸款與創業飛雁計畫等獲得金援協助。貸款對象從二十歲至六十五歲，可貸款額度依個人條件，每人從五十萬到四百萬元不等。如果是特殊條件婦女還可享有創業貸款利息補助措施。（文／張曉苔、曾鈺庭，諮詢專家群：台灣萊雅化妝品香水事業部總經理陳敏慧、華陶窯執行長陳育平、SOHO甦活創業管理顧問公司總經理張庭庭、蘭盈國際管理顧問有限公司負責人鄧雲暉）

女性創業─政府相關資源

行政院青年輔導委員會 http://www.nyc.gov.tw

飛雁專案	**適用對象：** 有志創業女性或已創業女性 **服務內容：** 1. 開辦多元化培訓課程 　①女性創業育成班：辦理創業籌備、資金籌措、業務行銷及加盟實務等創業必備知識及企業參訪等課程。 　②飛雁育成輔導機制： 　a. 辦理主題性進階課程（如：電子商務、美容時尚、熱門餐飲等） 　b. 提供女性創業諮詢：0800-845-888 　c. 提供企業診斷輔導 2. 辦理女性創業博覽會 3. 創業服務：女性創業資訊網
飛雁學員 互助團體	中華飛雁創業互助協會(02)2766-3103 台中市飛雁創業協會(04)2329-6167 台南市飛雁發展協會(06)200-6383 高雄市飛雁創業協會(07)241-8337 屏東縣飛雁發展協會(08)765-2697
青年創業貸款	**適用對象：** 20~45歲之青年、具工作經驗、公司設立登記未滿3年，且不得有經營其他事業或其他任職情事者。 **貸款利率：** 按郵政儲金二年期定期儲金機動利率加年息1.45%機動計息。 **申貸金額：** 1. 申貸金額不得超過登記出資額，但所創事業無須辦理登記者，不得超過自有資金。 2. 每人每次最高貸款金額為新台幣400萬元；其中無擔保貸款，每人每次最高新台幣100萬元。 3. 同一事業體貸款總額最高為新台幣1,200萬元，其中無擔保貸款不得高於新台幣300萬元。 **償還期限：** 擔保貸款期限10年，含本金寬限期3年，無擔保貸款6年，寬限期一年，寬限期外，按月攤還本息。

創業諮詢服務

適用對象：
有志創業婦女或創新企業主
服務內容：
1. 創業諮詢服務：免付費電話0800-598-168
2. 創業圓夢網：提供創業相關知識及活動課程訊息，包含「電子櫥窗」虛擬行銷平台及發送電子報。
3. 創業相關刊物：提供熱門行業之創業須知，創業教戰手冊及學術性創業管理研究期刊。
4. 創業相關活動/講座：舉辦創業商機交流或創業經驗分享之各項活動。

創業創新養成學苑

適用對象：
有志創業婦女或創新企業主
服務內容：
1. 創業菁英學程：結合經營管理之專業知識與實務經驗，進行一系列專業且深入的輔導。
2. 創業發燒講座：精選創業相關議題由具備實際創業經驗的企業主進行分享。
3. 創業研討會：邀集產官學界專家，針對特定主題共同研討分享，以作為未來課程規劃之重要方針。
4. 國際性活動：安排創業研討會、國際交流參訪、成果發表會等，以培養具有創業潛能之青年。
5. 創業網路學習：提供線上學習區、班版討論區、照片下載區、奮鬥故事等，使創業學習不受時空限制。

創業家圓夢坊

適用對象：
1. 創新的技術、設計、產品或服務之知識型企業家。
2. 欲創業或成立3年內之新創企業。
服務內容：
1. 現場診斷服務：提供現場一對一輔導及到場診斷。
2. 聯合輔導：舉辦以創業經營管理分享為主軸之講座，協助解決新創事業主於經營階段面臨之各項問題，並於活動中提供創業新知能。
3. 技術媒合：轉介創新育成中心，提供各項專業之研發技術。
4. 新創事業獎：推薦參與新創事業獎。
5. 輔導專線：02-23660812分機170-177

婦女創業輔導計畫	**適用對象：**
	有志創業婦女及婦女企業
	服務內容：
	1. 婦女免費諮詢輔導服務：0800-589-168
	2. 婦女創業經營管理能力培訓
	3. 提供婦女企業資訊交流平台：
	   ①創業圓夢網http://sme.moeasmea.gov.tw
	   ②台灣經貿網http://www.taiwantrade.com.tw
	   ③婦女企業電子商務網站http://www.womenvillage.org.tw

縮減產業數位落差計畫	**適用對象：** 員工人數20人以下之中小企業 **服務內容：** 1. 協助中小企業運用電子商務創造商機，提升基礎數位應用能力，促成產業U化聚落，強化企業競爭優勢。 2. 婦女電子商務初階及進階講習。

創薪行動計畫

適用對象：
已創業、有意願創業且有創業方向者及欲申請創業貸款者
服務內容：
1. 面對面諮詢輔導：每次提供2~3小時輔導服務，以2次為限。
2. 創業貸款輔導協助
3. 電話諮詢輔導：
　　①北區：02-233632256或02-23668218分機170～177
　　②中南區：0800-003-588
4. 創業課程活動
5. 提供其他創業相關資源
6. 線上輔導：創薪行動網http://www.be-boss.org.tw/

微型創業貸款

適用對象：
年滿45歲以上至65歲、依法辦理登記之微型企業(員工數未滿5人者)、所創或所營事業登記未超過1年，且不得有經營其他事業或其他任職情事者。
貸款利率：
固定年息3%
申貸金額：
每一借款人依其計畫成本之八成金額貸放，申請貸款總額度最高為新台幣100萬元，並以申貸一次為限，且不得分次申請，惟得視需要予以分次撥貸。
償還期限：
還款期限最長7年(含寬限期1年)，寬限期屆滿後本息按月平均攤還。

婦女小額創業貸款 創業鳳凰

適用對象：
20~65歲婦女，曾參與創業技能培訓、研習課程、諮詢輔導者，經審核具有創業潛力，且所創或所營事業未滿1年。事業須辦理營利事業登記，或符合商業登記法第4條免辦理營業登記但須有稅籍登記。
申貸金額：
最高新台幣50萬元
貸款利率：
利率及保證手續費合計3.33%。
償還期限：
貸款年限7年(含寬限期1年)，並提供9.5成信用保證，免提擔保人。

特殊境遇婦女創業貸款利息補貼

20~65歲婦女，其家庭總收入按全家人口平均分配，每人每月未超過政府當年公布最低生活費2.5倍及臺灣地區平均每人每月消費支出1.5倍，且家庭財產未超過中央主管機關公告之一定金額，並具備特殊境遇婦女身分資格認定者，得申請創業貸款補助。

貸款要點：

利息補貼以新台幣100萬元貸款額度為限，前3年不需負擔利息，第4年起負擔年息1.5%，補貼期限最長7年。

每人以申請1次為限，且不得同時重複領取同性質之貸款或利息補貼。申請人應為所創事業實際負責人或出資人，並實際參與工作。

smile 85

女人做的好生意

作者	李靜采等
責任編輯	徐秀娥
美術設計	ToTo
法律顧問	全理律師事務所董安丹律師
出版者	大塊文化出版股份有限公司
	台北市105南京東路四段25號11樓
讀者服務專線	0800-006689
Tel	(02) 8712-3898
Fax	(02) 8712-3897
E-mail	locus@locuspublishing.com
Web	www.locuspublishing.com

郵撥帳號	18955675
戶名	大塊文化出版股份有限公司

總經銷	大和書報圖書股份有限公司
	台北縣五股工業區五工五路2號
Tel	(02) 8990-2588 (代表號)
Fax	(02) 2290-1658
製版	瑞豐實業股份有限公司
初版一刷	2008年3月
定價	新台幣280元
ISBN	978-986-213-046-9
GPN	1009700465

Printed in Taiwan

國家圖書館出版品預行編目資料

女人做的好生意 / 李靜采等著．－－初
版．－－臺北市：
大塊文化，2008.03
面；公分．－－（smile 系列；85）
ISBN 978-986-213-046-9（平裝）
1. 創業 2. 女性 3. 成功法

494.1   97002517

大塊文化出版股份有限公司　收

地址：□□□□□ ＿＿＿＿＿＿市／縣＿＿＿＿＿鄉／鎮／市／區

＿＿＿＿＿＿＿＿路／街＿＿段＿＿巷＿＿弄＿＿號＿＿樓

編號：SM085　書名：女人做的好生意

大塊文化 LOCUS 讀者服務卡

謝謝您購買本書！

如果您願意收到大塊最新書訊及特惠電子報：

— 請直接上大塊網站 **locus**publishing.com 加入會員，免去郵寄的麻煩！

— 如果您不方便上網，請填寫下表，亦可不定期收到大塊書訊及特價優惠！
　請郵寄或傳真 +886-2-2545-3927。

— 如果您已是大塊會員，除了變更會員資料外，即不需回函。

— 讀者服務專線：0800-322220；email: locus@locuspublishing.com

姓名：＿＿＿＿＿＿＿＿＿＿＿＿　性別：□男　□女

出生日期：＿＿＿年＿＿＿月＿＿＿日　聯絡電話：＿＿＿＿＿＿＿＿

E-mail：＿＿＿＿＿＿＿＿＿＿＿＿＿＿＿＿＿＿＿＿＿

從何處得知本書：1.□書店　2.□網路　3.□大塊電子報　4.□報紙　5.□雜誌
　　　　　　　　6.□電視　7.□他人推薦　8.□廣播　9.□其他

您對本書的評價：
(請填代號 1.非常滿意　2.滿意　3.普通　4.不滿意　5.非常不滿意)
書名＿＿＿　內容＿＿＿　封面設計＿＿＿　版面編排＿＿＿　紙張質感＿＿＿

對我們的建議：＿＿＿＿＿＿＿＿＿＿＿＿＿＿＿＿＿＿＿＿＿
＿＿＿＿＿＿＿＿＿＿＿＿＿＿＿＿＿＿＿＿＿＿＿＿＿＿＿＿＿
＿＿＿＿＿＿＿＿＿＿＿＿＿＿＿＿＿＿＿＿＿＿＿＿＿＿＿＿＿
＿＿＿＿＿＿＿＿＿＿＿＿＿＿＿＿＿＿＿＿＿＿＿＿＿＿＿＿＿

LOCUS

LOCUS